다윈의 동물원

이 도서의 국립중앙도서관 출판시도서목록(CIP)은 e-CIP홈페이지(http://www.nl.go.kr/ecip)와 국가자료공동목록시스템(http://www.nl.go.kr/kolisnet)에서 이용하실 수 있습니다.(CIP제어번호: CIP2012000709)

다윈의 동물원

김보일 지음

북멘토

차례

1부 | 밥이 하늘이다

- 두뇌를 확장시킬 것이냐 소화관을 확장시킬 것이냐 013
- 먹음에 대한 노트 017
- 먹으려거든 계산하라 021
- 먹음에 대하여 023
- 먹이와 밥통이 구조를 결정한다—심해어의 세계 025
- 도도새여 잘나갈 때를 의심하렴 029
- 하이데거의 닦달하기, 그리고 양계장 034
- 눈은 왜 손가락에 달리지 않은 걸까? 036
- 말벌의 애벌레 먹어치우기 전략 038
- 홍보비를 국방비로 쓰는 대벌레 040
- 견뎌라, 올름처럼! 042
- 조폭 문신을 한 나비, 오프탈모포라 044
- 고통의 역치 046
- 그레이렉의 우회할 줄 모르는 무데뽀 정신 048
- 단풍에 대한 신화와 과학 050
- 석탄, 검은 태양 055
- 고래가 그랬다 056
- 바비루스의 어금니 063
- 진득하기 천하제일은? 064

- 진화의 산물일까, 창조의 산물일까–폭격수딱정벌레 066
- 풀이 저지르는 레밍의 집단 타살 070
- 그놈의 시아노 박테리아 때문에 072
- 꼭꼭 숨은 자를 볼 수 있는 코 075
- 추울 땐 쓸데없이 돌아다니지 말자 078
- 북극곰의 조상은 원래 무슨 색깔이었을까 081
- 불쌍한 K 군들을 위한 제언 084
- 몸의 구조보다는 적응 능력이 우선 088
- 깔끔 떠는 고양이 091
- 오스트레일리아에서 대형 포유동물이 사라진 까닭은? 092

2부 | 동물, 유혹하는 존재

- 성性에 있어서 여성이 남성보다 까다로울 수밖에 없는 이유 097
- 태초에 유혹이 있었다 102
- 해마의 짝짓기 결정권은 누가 가질까 104
- 욕망의 삼각형 이론과 초파리 106
- 새들이 새벽에 우는 이유 110
- 왜 여성들은 액션 스타를 좋아할까 113
- 타자를 염두에 두고 설계된 몸 116

- 커다란 음경 118
- 먹이를 화장품으로도 쓰는 물고기 120
- 세상에서 가장 고약한 새, 새틴바우어버드 122
- 혐오감에 대한 단상 125
- 늘 싱싱한 매력을 잃지 않으려면 128
- 끈적함에 대한 심리적 불쾌감은 어디에서 연유하는가 132
- 왜 새빨간 거짓말일까 134
- 결혼에 관한 다윈의 대차대조표 136
- 사랑, 무식함으로 병드는 138
- 수컷들이 암컷들의 언어를 해킹해야 할 이유 140
- 슬픔의 수용체 142
- 자하비의 핸디캡 이론 144
- 인간의 숭고한 가족사랑이라고? 147
- 하렘의 가련한 수컷 마초들 150
- 생존하려면 다양화하라 154
- 키스할 때 당신의 고개는 좌파? 우파? 157
- 왜 남자들은 허리가 잘록하고 엉덩이가 불룩한 여자를 선호할까 160

3부 | 노는 동물, 숭고한

- 칸트 선생, 동물도 논답니다 165
- 그냥 좋다고? 천만에 170
- 놀이도 공부다 172
- 블롬보스 동굴의 교훈, 곳간이 차야 예술이 난다 175
- 모방하라, 두려움 없이 178
- 모방은 언제 가장 잘 일어나는가 182
- 부적합한 자도 살아남는다 185
- 주인과 개도 닮는다 189
- 우스꽝스럽게 생긴 닥스훈트의 말 못 할 고민 194
- 차이, 너와 내가 존재하는 방식 196
- 자유 의지에 관한 환상 198
- 고양이 팔자 202
- 별별 짓거리를 다 배우는 인간 204
- 콘라드 로렌츠의 공격성에 관하여 206

4부 | 자연 속의 인간, 세상 속의 동물

- 나는 과연 가축이 될 자격이 있는가 213
- 동물이 가축이 되었을 때의 이점은 무엇일까 215
- 가축산업의 원칙과 인간의 입맛 218
- 건강함의 척도 222
- 시스템의 노예 224
- 귀리와 메귀리 226
- 울리히 벡의 위험 사회 229
- 내부와 외부의 변증법 236
- 원숭이는 이코노믹 애니멀 238
- 변해야 산다 240
- 일벌이 왜 일만 하냐고? 242
- 벌레들에게 멸종당한 공룡 244
- 인간이 털 없는 원숭이가 된 것에 대한 가설 246
- 소설 같은 과학 249
- 아담 스미스 반박하기, 혹은 옹호하기 253
- 오류 가능성 앞에서 겸손해지자 258
- 영화 〈투모로우〉가 보여주는 미래 261
- 에움길의 아름다움 264

- 화폐 속의 인물들 **266**
- 히틀러의 지극한 동물 사랑 **268**
- 이 망할 놈의 거리 **270**
- 동물원의 스트레스 **272**
- 뇌의 작동과 창발적 지성 그리고 일개미 **274**
- 경험이 뇌를 만든다 **276**
- 범중엄과 사회적 뇌 **279**
- 단층 지형의 손익계산서 **282**

작가의 말 **284**
도움 주신 분들 **287**

1부

밥이 하늘이다

"자비롭고 전능하신 하나님이
살아 있는 애벌레의 몸속에 들어가서
그 살을 파먹고 사는 맵시벌을 계획적으로 설계하여
창조하셨다는 것을 나는 이해할 수 없네"

― 다윈

두뇌를 확장시킬 것이냐
소화관을 확장시킬 것이냐

　인간이 원숭이와 갈라지기 이전, 그러니까 지금으로부터 약 800만 년 전, 인간의 거주지는 초원이 아니라 광대한 열대의 삼림이었다. 이 무렵에 대규모의 지각 변동으로 인해서 아프리카 대륙의 동쪽 해안을 남북으로 가르는 틈이 생겼다. 이른바 아프리카 지구대라고 하는 것이 그것. 아프리카 지구대로 인해 삼림으로 덮여 있던 동아프리카의 환경에는 급격한 변화가 일어난다. 아프리카 지구대를 경계로 내륙은 삼림 지대가 계속되었고, 연안 지역에는 사바나 지대가 생겼으며, 아프리카 지구대 지역은 드넓은 건조 지대가 되었다.

　인간이 나무에서 내려온 것은 이때다. 본격적으로 직립보행, 인간의 걸음마가 시작된 것도 이때. 변변히 몸을 가릴 곳조차 없는 위험하기 짝이 없는 사바나. 천적들은 우글거리고, 먹이도 풍부하지 않다. 생존의 압박은 거세졌다.

생존의 압박에 대처하는 생명체의 예산 총량에는 한계가 있다. 마음대로 예산을 쓸 수 없다는 이야기다. 어느 곳에 어느 정도 규모의 예산을 배당할지, 예산 할당 비율은 동물마다 다르다.

인류의 조상들은 포식자보다 한발 앞서 가고, 다양한 환경 변화에 효율적으로 대처하기 위해서 뇌의 크기를 선택했다. 그에 따라 먹는 것도 달라야 했다. 생명체가 가동할 수 있는 에너지의 총량은 한계가 있으니 뇌 크기와 소화관의 크기를 적절하게 분배해야 했다. 소화관이 작아야 더 잽싸게 도망칠 수 있다는 것을 안 영민한 인간이 선택한 방법은 뇌를 크게 하고, 소화관의 크기를 작게 하는 것. 그러기 위해서는 고밀도의 복합 탄수화물을 섭취해야 했다. 과일이 제격이지만, 그것을 먹기 위해서는, 그것이 어디에 열리는지, 언제 열리는지, 얼마만큼 익어야 먹을 수 있는지를 지각할 수 있어야 했다. 이런 생존의 압력 때문에 '사고 자원'이 풍부한 자, 다시 말해 뇌가 큰 자가 생존에 유리했다. 생존은 열매를 필요로 했고, 열매는 다시 커다란 뇌를 필요로 했다.

이제 인간들은 확장된 뇌로, 과일뿐만 아니라 별별 것들을 탐낸다. 값비싼 양주와 자동차는 물론 명품 핸드백과 구두와 액세서리까지. 뇌는 이미 생존의 차원을 넘어서 허영의 차원을 향해서 가동된 지 오래다.

강철 보일 샘. 두뇌로 인한 진정한 생존 우위가 시작된 건 고작 1만 년 내외일 뿐, 그 오랜 기간 동안 두뇌 확장으로 이익을 얻기보다는 출산에 치명적 문제를 야기했는데…… 좀 생각해 봐야 할 문제가 아닐까 싶은데요.

김보일 뇌의 크기가 본격적으로 커지기 시작한 것은 250만 년 전으로 보고 있습니다. 학자들마다 견해가 조금씩 다르긴 하지만 1만 년보다 훨씬 더 된 것은 확실한 거 같아요. EBS〈다큐10+〉'인류의 탄생-제1편'에서는 인류가 처음으로 직립 보행을 시작한 600만 년 전에서 최초로 도구를 만든 250만 년 전까지를 살펴보고 있는데, 오스트랄로피테쿠스 아파렌시스는 걸음마를 시작했으되 뇌의 크기가 침팬지와 다름없었지만 도구를 만들게 된 호모하빌리스에 와서는 뇌가 급속하게 커졌음을 말하고 있습니다. 호모하빌리스는 '손재주 좋은 사람', '손을 쓸 줄 아는 사람', '도구를 사용하는 사람'이라는 뜻으로 기원전 250만 년부터 기원전 100만 년 사이에 아프리카 동부와 남부에서 생존하였다고 합니다. http://www.asiatoday.co.kr/news/view.asp?seq=341111, 정확한 글인지는 모르겠으나 이런 글도 참고는 되겠네요.

강철 내가 말하고자 한 뜻은 위 본문 전개의 기초가 되는 부분이 사실상 그리 단단한 것은 아니라는 점을 짚은 겁니다. 진화론의 대가조차 '모순된 가설의 집합'이라고 인정하는 정도니까 뭐…… EBS의 내용도 논쟁의 여지가 상당히 많다는 사실…… ^^;;

김보일 단단하지 않기 때문에 가설이라 하겠죠. 6500만 년 전의 운석 충돌로 인한 공룡 대멸종설도 가설이죠. 그냥 가설이 아니라 유력한 가설. 위의 가설은 물렁물렁한 가설이라고 생각하면 되시겠어요. ^^

먹음에 대한 노트

"코알라 동지, 우리 당(黨)의 이념과 지향은 대나무 잎사귀를 먹는 것이오. 동지의 식성을 영웅적으로 개선하길 바라오." 이렇게 말할 수는 없다. 코알라는 유칼리나무 잎사귀만 먹고, 판다는 대나무 잎사귀만 먹도록 태어날 때부터 프로그래밍되어 있기 때문이다. 수리는 살코기를 즐기고, 가금은 곡식을 즐긴다. 그들의 식성을 비난한 것인가? 헬륨[He]은 솟고 납[Pb]은 가라앉는다. 그들의 성향을 비난할 것인가? 성향과 기질은 함부로 비난할 만한 성질의 것이 아니다. 그렇다고 모든 성향과 기질이 환영받아야 하는 것은 아니다. 뭇 암컷의 사타구니를 큼큼거리는 것이 수컷들의 일반적인 성향일지라도 모든 수컷들의 찝쩍거림이 다 아름다운 것은 아니다. 문화와 관습이 기질과 성향에 브레이크를 살짝 걸어 주지만 따지고 보면 '남녀칠세부동석'과 같은 과도한 문화적 요구도 있다. 아프리카 어느 곳에선가는 성적 매력을 야기한다는 이유로 철판을 불로 달구어 사춘기가 막 지난 처녀애들의 봉긋한 젖가슴을 다리미질한단다. 이러한 문화와 제도의 과도한 친절은 분명 테러다.

문제는 잡식동물인 인간들의 식성이 코알라나 판다처럼 간단하지 않다는 사실. 먹성만큼 복잡한 것도 없다. 대충 먹어도 좋으련만 곰발바닥, 소혓바닥, 원숭이골…… 별의별 것들을 다 '먹는 것'이 인간의 식성이다. '진한 술, 기름진 고기, 맵고 단 것은 참맛이 아니요, 참맛은 오직 담백하다濃肥辛甘 非眞味. 眞味 只是淡'라는 홍자성의 책, 『채근담』 구절로 달래 봐도 포크와 숟가락을 들고 군침을 흘리는 인간의 식성을 무마하기는 역부족이다. '채근담'이라는 문화도 먹고야 말겠다는 '성향' 앞에서는 무력할 수밖에 없다. 에피쿠로스는 포도주보다는 물을 마셨으며, 빵과 야채와 한 줌의 올리브로 꾸민 만찬으로도 행복해 했다고 하던가. 그가 남긴 말이다. "무엇인가를 먹거나 마시기 전에, 무엇을 먹고 마실지를 생각하기보다는 누구와 먹고 마실 것인가를 조심스레 고려해 보라. 왜냐하면 친구 없이 식사를 하는 것은 사자나 늑대의 삶이기 때문이다."

무엇을 먹든 개인의 자유다. 물론 인육을 즐기는 나의 식성을 존중해 달라는 녀석에게는 무기징역 특별우대권을 선물하는 것이 적격이다. 저 혼자만 먹고살겠다는 녀석에게도 같은 처방이 필요하겠는데, 우리 문화는 이상하게도 이런 녀석들에게는 무척이나 관대하다. 어떻든 한 끼의 식사도 채울 수 없는 자에게 먹을 수 있는 자유는 있으나마나다. 뭘 먹을 게 있고 나서야 자유 아닌가?

　육식동호회 모임에 채식주의자가 끼면 고역이다. 너희들의 식성이 지구와 환경을 망친다고, 정의의 이름으로 너희들의 식성은 교정될 필요가 있다고 떠들어 봐야 소 귀에 경 읽기일 수밖에 없다. 정의를 부르짖는 채식주의자여, 식욕은 슬픈 거다. 이 지구상에서 식욕의 혁명을 바란다는 것은 더더욱 슬픈 거다. 그러나 사람들이 제 식욕을 반성하는, 그런 슬픈 날은 올 것이다. 지구의 역사를 마감하는 그날, 우리는 남녀노소 빈부귀천 없이 평등하게 우주의 먼지로 돌아갈 것이고, 한울님은 우주의 질량을 가리키는 저울의 눈금이 미동도 하지 않음을 확인할 것이다.

　뭘 먹을 때 눈치를 보게 되면 밥맛은 떨어진다. 눈치 봐 가며 먹는 게 피가 되고 살이 될 수는 없다. 그래서 없는 놈은 없는 놈끼리 어울리고, 있는 놈은 있는 놈끼리 어울린다. 뭐를 먹든 편하게 먹어야 제맛이다. 그렇다고 이것저것 마음대로 먹을 수도 없고. 쉽고도 까다로운 것이 먹는다는 일이다.

"계산 능력이 떨어지면 배고프다"

먹으려거든 계산하라

붓筆의 고수가 획을 아끼듯, 검劍의 고수는 검을 아낀다. 파브르가 관찰한 배벌은 강호의 어떤 무림 고수에 못지않다. 배벌은 자기의 희생물의 앞다리와 가운뎃다리 사이에 있는 가슴의 신경 중추를 단 한 방에 찌른다. 한 치의 오차도 없었다. 조금의 낭비도 없었다. 곤충학자 앙리 파브르는 감탄해마지 않으며 이렇게 토를 달고 있다. "천문대의 학자라도 자신의 행성의 위치를 이보다 더 잘 예견할 수 없을 것이다." 무릇 먹고자 하는 자는 생각하지 않으면 안 된다. 더구나 그 먹잇감이 움직이는 동물임에랴. 도망가는 자의 두뇌 속에서 일어나는 연산을 검토하고 계산하는 추격자의 두뇌 속은 분주하다. 잡아먹으려거든 계산하라. 이성은 두뇌의 산물이지만 궁극적으로는 밥통의 산물이다.

먹음에 대하여

 세상에는 먹을 수 있는 것이 있고, 먹을 수 없는 것이 있다. 그러나 먹을 수 없는 것을 먹는 방법이 있다. 가축을 이용하는 것이 그것. 셀룰로오스를 소화할 수 없는 인간은 식물의 잎사귀나 열매는 먹어도 줄기는 먹을 수 없다. 그러나 소와 염소는 셀룰로오스를 능히 소화해 낸다. 인간은 자신들이 먹을 수 없는 풍부한 먹이를 가축에게 제공하여, 셀룰로오스를 단백질로 변환하여 가축을 잡아먹는다. 먹을 수 없는 것은 먹을 수 있도록 만들어라. 이것이 문화의 제1원칙쯤 되겠다.

 고양이는 단맛을 모른다. 고양이의 혀에는 '단맛 수용체'가 없기 때문이다. 그래도 고양이는 하등의 불편함을 느끼지 못한다. 단맛은 주로 탄수화물 속에 있는데 육식을 하는 고양이에겐 탄수화물의 감지 기능이 그다지 중요하지 않기 때문이다. 고양이 앞에 과일과 곡물이 산더미처럼 쌓여 있다고 하더라도 고양이에게는 그림에 떡일 뿐이다. 마찬가지로 비둘기에게는 고기가 산더미처럼 쌓여 있어도 소용이 없다. 자신이 먹을 수 없는 것을 먹을 수 있도록 하는 방법, 가축을 기르는 법을 모르기 때문이다. (묘공, 구공, 문화는 사치가 아닐세!)

You are what you eat. 그가 누구인지 알고 싶다면 먼저 그가 먹는 음식이 무엇인지를 말해 주길 바란다. 그의 특성은 상당 부분 그가 먹는 것에 의해 결정될 수도 있다는 사실이다.

아프리카 열대 지방의 밀림 속을 폴짝폴짝 뛰어다니는 다람쥐원숭이는 에너지 소비를 많이 한다. 때문에 고품격 에너지를 가진 식사가 필요하다. 다람쥐원숭이가 칼로리가 높은 달콤한 열매와 살아 있는 벌레를 먹는 것도 이런 이유 때문이다.

반면에 하울러원숭이Howler Monkey는 천천히, 게으르게 움직인다. 때문에 이들에게는 고에너지 식사가 필요 없다. 나뭇잎 같은 저에너지 식사로도 충분하기 때문이다.

저에너지 식사, 고에너지 식사, 가리지 않는 잡식성 동물인 인간의 행동이 기기묘묘한 것은 그들의 먹이 탓이 아닐까. 얼굴 있는 것은 먹지 않는다는 불가佛家의 스님들이 장좌불와할 수 있는 내공과 포스가 어디에서 오는 것인지, 대충 짐작이 가시겠는지. 스님들이 고에너지 식사, 다시 말해 육류를 섭취했다면 남아도는 힘을 주체하기 어려웠을 것이라는 이야기.

먹이와 밥통이 구조를 결정한다
– 심해어의 세계

하버드대 석좌교수를 역임한 팀 플래너리의 책 『경이로운 생명』(이한음 옮김, 지호, 2006)을 간추리고 곳곳에 추임새와 나름대로의 해석을 넣어봤다.

극단적인 환경이 극단적인 구조를 결정한다는 사실을 가장 드라마틱하게 보여주는 것은 심해어다. 칠흑 같은 심해의 어둠 속에서 먹이를 감지하기 위해 심해어들은 시각이 아닌 감각들을 발달시킨다. 궁즉통, 궁하면 통하게 마련이다. 투덜대지 말고 적응하라. 이것이 간단한 생명의 법칙.

바구니물고기Crested basketfish. 이 녀석은 먹이를 옭아매는 그물을 진화시켰다.(이 역시 먹이와 밥통이 구조를 결정한다! 너를 포획하겠다.)

아래는 채찍용물고기Whip dragonfish. 몸길이는 20센티미터인데, 수염은 자그마치 1.5미터. 채찍의 용도는? 먹이 유인용 미끼가 아닌가 추정하고 있다.(먹이가 구조를 결정한다. 위장, 밥통이 구조를 결정한다는 이야기인 셈이다. 너를 유혹하겠다.)

다음 선수는 엘스만큰아귀Ellsman's whipnose. 코에 등불이 달린 낚싯대가 있다. 굴속에 든 벌레를 꾀어내려는 목적이란다.(이 역시 먹이와 밥통이 구조를 결정한다! 번쩍번쩍, 참으로 빛나는 구조가 아닐 수 없다.)

다음 선수는 바늘방석아귀Pincushion seadevil. 바늘방석아귀의 이빨은 입 속으로 먹이를 집어넣을 수 있게끔 잘 배열되어 있다. (이 역시 먹이와 밥통이 구조를 결정한다! 결단코 너를 놓지 않겠다는 구조.) 이 아귀의 숫컷은 암컷의 몸속으로 파고들어, 아가미도 버리고 암컷에게서 필요한 것을 빨아먹는다. 너 있는 곳이라면 어디라도 좋다?

다음 선수는 쥐덫고기Stoplight loosejaw다. 입을 보라. 턱밑에 피부가 없다. 물의 저항을 최소화하여 잽싸게 먹이를 취하기 위해서다.(이 역시 먹이와 밥통이 구조를 결정한다! 너를 잡아채겠다.) 완전한 어둠 속에서도 쥐덫고기는 먹이를 볼 수 있다. 붉은 발광 기관이 있기 때문이다.

다음 선수 이름은 늑대덫아귀Wolftrap seadevil다. 접을 수 있는 낚싯대와 미끼를 가졌다.(이 역시 먹이와 밥통이 구조를 결정한다! 너를 낚겠다.) 물고기가 낚시를 한다는 소리는 헛소리가 아니다.

감지혜 위장=밥통…… 둘의 의미가 다른가요?

김보일 위장은 밥을 담는 통이니, 둘의 의미는 거의 같죠. 근데 바보를 위장이라고 부르지는 않죠. 밥통이라고는 하지만…… 저를 보고 밥통 혹은 밥탱이라고 부르는 사람은 보았어도 위장이라고 부르는 사람은 못 봤어요. 송곳니와 어금니도 먹이가 구조를 결정한다는 의미 있는 증거…… 잡식동물인 인간은 송곳니로 고기를, 어금니로는 곡식을 씹죠. 동양인이 아래턱이 발달한 것도 곡식 문화 탓이라는 가설입니다. 채식주의자들은 송곳니를 뽑아도 좋을 듯. 그러나 유사시를 위해 가만두라는 것이 저의 충고입니다. 뭔가가 있는 것은 다 있을 이유가 있어서라는.

도도새여 잘나갈 때를 의심하렴

 결론부터 말하면 이것은 도도새의 멸종에 관한 이야기다. 지구상에 살아 있었던 최후의 도도새를 보려면 타임머신을 타고 1681년의 모리셔스 섬으로 가야만 한다. 모리셔스는 제주도와 크기가 엇비슷한 화산섬이다. 기암괴석의 봉우리들과 수려한 바다 풍광이 휴양지로 그만이란다. 7000만 년 전 인도양에서 솟아난 이 섬은 16세기까지 뱃사람들의 피항지였을 뿐 사람이 살지 않았다. 1598년 네덜란드의 강점이 시작되면서 이 섬은 네덜란드 왕자의 이름을 따 '모리셔스'란 이름을 얻으며 무인도라는 타이틀을 버리게 된다.

 네덜란드인이 살기 전까지 모리셔스의 주인은 도도새였다. 모리셔스는 도도새의 천국이었다. 먹이는 풍부했고, 천적은 없었다. 먹고, 마시고, 잠자고, 교미하고, 수려한 풍광을 감상하는 일 밖에는 다른 일이 없었다. 안락한 환경은 신체의 변화를 불러왔

다. 운동 부족으로 아랫배가 늘어나고, 근육량은 현저히 줄고, 날개는 퇴화했다. 그러나 생존에는 아무런 지장이 없었다. 적어도 인간이 이 섬에 등장하기 전까지는 말이다.

인간이란 탐욕스런 포식자가 나타났을 때, 이 날지도 못하는 과체중의 새는 멸종의 운명에 처하고 만다. '총'이라 불리는 화기를 앞세운 터미네이터, 인간들의 등장 때문이었다. 도도새여, 새겨들으시라. 『채근담』의 한 구절이다. '은혜로움 속에서 재앙이 생기니 뜻대로 잘될 때 반드시 빨리 자신을 반성해 보아야 한다 恩裡由來生害 故快意時 須早回頭.' 가여운 새여, 호시절이 호시절이 아니다. 잘나가고 있을 때를 의심하렴.

각설하고, 자연은 거대한 인연의 그물망으로 짜여진 세계였다. 도도새의 멸종은 도도새의 멸종으로 끝나지 않았다. 하나의 죽음은 또 다른 죽음을 불러왔다. 도도새가 사라지자 모리셔스의 특정 나무가 희귀종이 되어 갔다. 왜? 이 나무의 번식은 전적으로 도도새가 담당하고 있었기 때문이었다. 이 나무 열매는 도도새의 먹이였다. 이 나무는 도도새의 소화 기관을 통해서만 씨앗을 옮기고 발아시킬 수 있었다. 그랬던 것이 도도새의 절멸로 번식의 매개자를 잃고, 절멸의 위기에 처하게 된 것이다.

이를 눈물겹게 생각한 과학자들은 칠면조의 식도가 도도새의 소화 기관과 유사함을 간파하고, 칠면조를 이용해 새로운 세대를 만들어 냈다고 한다. 과학이 모처럼 모리셔스에서 기특한 일을 해낸 셈이다. 그러나 모리셔스의 나무들이 인간의 친절함을 정작 원했을지는 의문이다. 궁즉변, 변즉통, 통즉구! 궁하면 변해야 하고, 변해서 통하면, 그 통한 것은 오래간다. 내버려 두면 스스로 생존의 비책을 찾아내는 것이 자연 아니던가. 자연을 보호하겠다는 인간의 노력도 가상은 하지만 따지고 보면 이 또한 과잉 친절이다. 자연은 내버려 둘 때 가장 자연답다.

하이데거의 닦달하기,
그리고 양계장

하이데거의 기술문명 비판의 핵심은 '게슈텔Gestell'이라는 개념이다. 역자는 이 단어를 '닦달하기'라고 번역했다. 아주 그럴듯한 번역이다. 현대기술은 기다려 주지 않는다. 쥐어짜고 윽박지른다.

양계산업이나 목축산업은 닦달하기의 정수를 보여준다. 소들이 있는 외양간에 톱밥을 깔아주면 소들은 푹신푹신한 바닥을 마치 풀밭처럼 생각해 열심히 돌아다닌다. 그 결과 운동량이 많아져서 몸에는 지방이 줄어들고 맛은 떨어진다. 목축업자는 소의 복지에는 관심이 없는 사람들. 소 좋아하는 꼴을 두 눈 뜨고 볼 수 없는 그들은 외양간 바닥을 콘크리트로 깐다. 안 그래도 뼈는 부실하고 살은 피둥피둥하게 찐 소들은 딱딱한 콘크리트 바닥에서는 운동을 하지 않는다. 딱딱한 바닥에서 걷자니 관절이 아프고 삭신이 아리기 때문이다. 당연히 운동량이 줄어든 소의 몸에는 지방이 붙고 고기의 맛은 좋아진다. 소가 산보하는 재미를 앗은 대가로 인간은 쫀득쫀득한 고기를 얻는다.

닭은 일 년에 60여 개 낳던 계란을 300~360개나 낳는다. 젖소는 야생에서 하루 2~3킬로그램 생산하던 우유를 30~50킬로그램 생산한다. 닭은 최대 15년까지 살 수 있지만 육계(식용으로 기르는 닭)는 6주 만에 2킬로그램 정도로 살을 찌워 출하한다. 삼계탕에 쓰이는 닭은 1.2~1.6킬로그램 정도가 되면 출하한다. 6주도 지나지 않아 죽임을 당하는 꼴이다. 수명이 10~15년 정도인 돼지도 6개월 정도를 살다 110킬로그램쯤 되면 도축장으로 간다.

이건 가진 것을 다 내놓으란 정도가 아니라 아예 없는 것까지 만들어서 내놓으라는 협박이고, 어린아이의 자궁에 아이의 씨를 넣는 격이다. 산 것을 함부로 죽이지 말라는 불살계不殺戒는 산업 논리 앞에서는 무력하기 짝이 없는 계율이 되어 버렸다.

눈은 왜 손가락에
달리지 않은 걸까?

　머리에는 모든 감각 기관이 집중되어 있다. 왜? 머리는 운동하는 방향의 앞부분에 위치해 있고, 네발로 걷던 동물로서의 인간은 자신이 전진하고 있는 앞의 세계를 감시해야 할 필요성이 있었기 때문이다. 감각 기관은 타자의 존재 여부를 알아차리게 하는 예측 기관이고, 이 예측 기관의 사령부는 운동 방향의 선두, 즉 머리에 위치해야 지휘의 효율성을 극대화할 수 있었을 것이다.

　전진하는 도중에 청각 기관이 이상한 징후를 포착했다. 바스락거리는 소리가 들린 것이다. 뭐지? 눈에 뭔가 보인다면 즉각 가까운 후각 기관의 도움을 요청하여 후각을 작동할 수 있고, 필요하다면 가장 가까이에 있는 미각 기관에 도움을 요청할 수 있다. 혀로 핥아봐서 뭔가 맛이 수상쩍다는 이상 징후를 발견하면 미각 기관은 즉시 용도를 변경하여 음성기관으로 탈바꿈하면서 비명을 질러댄다. 웩! 캭. 감각 기관들의 멋진 합동 작전이지 않은가.

 눈은 손끝에 있고, 코는 궁둥이에 있고, 귀는 현재의 머리통에 붙어 있고, 입은 허벅지에 붙어 있다면, 이런 멋진 합동 작전은 불가능했을 것이다. 각 감각 기관과의 커뮤니케이션도 훨씬 더 뎠을 것이다. 한마디로 업무협조가 잘 안 되었을 거라는 이야기. 우리의 얼굴 혹은 두뇌란 감각 기관이 멋진 합동 전략을 수행하는 종합 전략팀이 모여 있는 곳이다. 어찌 매일 세수하고, 마사지하고, 가꾸지 않을 수 있으랴.

> 손은 운동 기관으로 특화되어야 이득을 극대화할 수 있다. 손에다가 눈을 다는 것, 즉 운동하는 기관에 시각 기관을 위치시킨다는 것은 대단한 모험이다. 구조상의 이득만큼 부상의 위험도 커지기 때문이다. 주먹질 몇 번 하다가 장님이 될 수는 없지 않은가. 무엇하러 그런 손실을 무릅쓴다는 말인가. 차라리 커닝의 대가, 몰카의 왕자, 노름의 천재를 포기하는 게 낫지.

말벌의 애벌레 먹어치우기 전략

 말벌은 유충이나 다른 애벌레 등을 찾아 이들의 몸 표면에 알을 낳아 붙여 놓는다. 이 알이 깨어나면 말벌 유충은 숙주 동물의 몸 안으로 파고들어가 몸 중에서 덜 중요한 부분부터 먹어치우기 시작한다. 완전히 큰 다음에는 중요한 장기들까지 먹어치운다.

 말벌이 숙주를 살려놓는 이유는 생명을 존중하는 휴머니즘과는 아무런 상관이 없다. 그것은 서서히 먹어치우기 위한 욕망의 지연 전략인 셈이다. 이런 욕망의 지연 전략은 오르가슴을 늦추려는 인간 수컷들에게서도 찾아볼 수 있다. 대부분의 수컷들은 성급하게 쾌락의 핵심을 낚아채려 하지 않는다. 서서히 쾌락의 외곽부터 갉아먹어 들어가기 시작한다. 폭발의 순간을 느긋하게 기다리며 절정을 보류한다.

 하지만 인간이 욕망의 지연 전략만을 구사하는 건 아니다. 대부분 즉각적으로 보상받고 싶다는 조급증이 욕망을 추동한다. 이 즉각적으로 보상받으려는 갈급한 욕망의 조급증이 숲을 죽이고, 강과 바다와 밀림을 죽인다. 말벌의 애벌레도 그렇게는 안 한다. 오래 그리고 신선하게 먹으려거든 외곽부터 서서히 먹어치우라. 성급하게 심장을 물어뜯지 말라는 금과옥조를 그들은 잊지 않는다.

자연의 이자로만 살아야 한다고 말한 『토지』의 작가 박경리의 견해는 탁월하다. 가장 좋은 식사는 자연의 이자를 먹어치우는 방법. 본전은 손대지 않으니 지구는 늘 싱싱하다. 그러나 그렇게 하기에는 너무 많은 인간 벌레들이 지구에 꼬물거린다. 앙앙불락*, 한정된 자원을 선점하려는 아귀다툼으로 지구는 바람 잘 날이 없다.

> *앙앙불락
> 마음에 차지 않아 야속하고 즐겁지 못한 상태.

홍보비를 국방비로
쓰는 대벌레

생명체가 색色을 고안한 것은 유혹을 위해서다. 생식에 정자가 관여하지 않고 알의 환경과 발생 과정에서 성이 결정되는 단성 생식을 하는 대벌레는 색色을 필요로 하지 않는다. 요란한 코스튬*(의상)은 양성 생식의 전제일 뿐이다. 단성 생식에서는 유혹을 위해 컬러풀한 화장을 하고 값비싼 향수를 뿌리지 않아도 좋다는 이야기다. 이 외모에 관심이 없는 벌레는 외관 치장 비용을, 오직 새들의 눈을 피하기 위해 잔가지나 마른 잎의 모습을 모방하는 데 사용한다. 대벌레는 홍보비를 국방비로 모두 쓰는 셈이다. 살기 위해서는 남에게 먹히지 말고 살아 남아야 한다. 살아 있음에 감사하자. 먹이[밥]가 하늘이다. 하늘 같은 생명!

*코슈튬
인물화의 한 종류로 옷을 차려입은 사람을 그린 그림을 말한다.

"배고픈 참새들이여, 나를 찾아 보시지."

견뎌라, 올름처럼!

　1억 3500만 년 전, 북아메리카와 유럽이 붙어 있을 때 도롱뇽 무리가 많이 살았다. 그러나 5천만 년 전에 유럽과 북아메리카가 분리되면서 북아메리카에서는 도롱뇽이 번성했지만 유럽에서는 모두 멸종되고 단 한 종만 살아남게 된다. 유럽에서 살아남은 단 한 종은 1744년에 '바론 발바소르'에 의해 발견된 올름. 올름은 슬로베니아 산맥의 거대한 동굴을 피신처로 삼아 살고 있다. 석회석 동굴 깊숙한 곳에서 100년 동안 살아가는 분홍빛 양서류. 『경이로운 생명』의 저자인 팀 플래너리가 말하는 올름의 생명력은 경이 그 자체.

"작은 유리병에 담긴 채 섭씨 6도로 유지되는 냉장고에 12년 동안 방치된 올름이 한 마리 있었다. 나중에 꺼내 보니 그것은 여전히 살아 있었다. 해부를 해 보니 소화계가 완전히 사라지고 말았다. 올름은 100년을 산다고 한다. 동굴의 차가운 물에서 거의 먹지도 않고 살아가는 동물이니 그럴 법도 하다. 하지만 바깥에 비가 내릴 때 흐름만 약간 바뀌는, 밤도 낮도 없는 영원한 어둠 속에서 살아가는 동물에게 100년, 즉 36,500일이 어떤 의미가 있을까? 피해야 할 적도 없으므로 거의 방해받지 않은 채 세월을 견디는 것일 뿐이다. 올름은 그저 멸종 대신 망각을 택한 것인지도 모르겠다."

조폭 문신을 한 나비,
오프탈모포라

생명체는 짝을 유혹하기 위해 색色을 고안했지만 여기에는 예기치 않는 마이너스 효과가 발생한다. 바로 포식자의 눈에 띄기 쉽다는 것. 알록달록한 화장은 짝을 부르기도 하지만 동시에 적을 부르기도 하는 것이다. 어떻게 하면 짝을 부르고 적을 쫓을 수 있을까를 두고, '눈을 가진 자'라는 의미를 가진 '오프탈모포라ophtalmophora' 나비의 전략 회의는 시작된다.

이 전략 회의는 기발한 방안을 강구해낸다. 바로 나비의 몸에 맹금류의 눈을 그려내는 전략이 그것. 대체 왜 그런 비용을 쓸데없이 지출하느냐는 야당 의원들에게 나방은 이렇게 호통을 친다. "우리들의 적이 누구요. 바로 새들 아니요. 그들을 따돌리기 위해서는 맹금류의 눈을 우리 몸에 새길 수밖에 없소. 오랑캐로 오랑캐를 무찌르는 이이제이以夷制夷의 전법도 모르시오." 조폭들이 제 몸에 용 문신을 하듯 오프탈모포라는 제 몸에 독수리의 눈을 새긴다. 새들은 그 눈을 보기만 해도 기겁을 한다. 그 눈에 기

겁을 하지 않는 용감한 새들은 장렬하게 독수리의 밥이 되고 말 것이다. 용감한 자, 겁 없는 자의 미래는 죽음뿐이다. 두려움은 생명을 연장해 주는 보호장구다. 겁의 상실은 곧 죽음이라는 이야기. 떨 땐 떨자.

고통의 역치

 동일한 강도, 동일한 충격량이라도 수용자의 역량과 감수성의 차이 때문에 동일한 고통으로 인식되지 않는다. 쉽게 말해 똑같은 힘으로 열 대를 맞더라도 어떤 이는 더 아프게, 어떤 이는 덜 아프게 인식한다는 이야기다. 그러나 우린 이런 사실을 곧잘 간과한다. 그리고 우리의 망각증을 의식하지 못한 채, 엄살을 떤다는 둥, 호들갑을 떤다는 둥의 비난을 타인에게 퍼붓기 일쑤다. 그 비난의 칼날이 자기보다 권력이 낮은 사람에게 향할 때는 더욱 서슬 퍼레진다. 자기가 당한 것을 타인에게 퍼붓는 새도 마조히즘이란 게 이런 것 아닌지.

 고통을 느끼는 지점의 물리적 수치, 즉 고통의 역치는 개인에 따라서 다를 수 있겠고, 문화에 따라 다를 수도 있겠다. 목마름의 역치는 사막 사람들이 높겠고, 추위에 대한 역치는 에스키모인들이 높다는 사실을 떠올려 보시길. 현세적인 삶을 사는 사람들보다는 내세를 기약하는 종교를 가진 사람들의 고통의 역치가 높을 수 있겠다는 사실을 떠올려 보시길.

이런 간단한 사실을 망각한 채, 어떤 에스키모인이 한국인들은 영하도 아닌 날씨에 춥다고 호들갑을 떨고 있다고 말한다면 이는 온당하지 못하다. 마찬가지로 조금 덥다고 얼음을 껴안고 있는 에스키모인들을 비난하는 한국인 역시 온당하지 못하다.

하지만 이런 일들은 일상에서 비일비재하다. 그 사람의 입장에서 제대로 헤아려 보지도 않고 타인을 흉물스럽게 흘겨보는 시선, 이건 대단히 부도덕한 시선이다. 타인은 나와 같지 않다는 사실. 이 간단한 사실을 겨울에는 자주 상기할 일이다.

그레이렉의 우회할 줄 모르는 무데뽀 정신

그레이랙greylag goose이라는 거위는 둥지에 앉아 알을 품고 있다가 둥지 밖에 알이 놓여 있는 것을 발견하면 목을 빼서 알을 부리 아랫면으로 굴려 둥지로 가져온다. 사람처럼 손으로 알을 집어 들고 올 수 없으니 거위는 부리로 알을 굴려 둥지로 몰고 온다. 쥐면 깨질세라, 불면 꺼질세라 조심스럽게 알을 몰고 가는 건 누가 봐도 기특하다. 그러나 알을 굴리는 중간에 사람이 알을 들어내 버려도 거위는 마치 알이 그대로 있는 듯이 둥지까지 알을 굴리는 행동을 계속한다. 없는 알을 계속 굴려 가는 저 눈물겨운 모성애라니.

비슷한 이야기가 『파브르 곤충기』에도 나온다. 땅벌이 집을 빠져나와 꿀을 모으고 꽃을 찾아 일터로 나간 사이에 관찰자는 땅벌의 입구를 돌로 막는다. 일을 마친 땅벌은 집으로 돌아와 돌 위에서 움직이지 않는다. 왜? 그 자리가 바로 자기 집의 입구이기 때문이다. 파브르는 호기심이 많은 사람이었다. 그는 벌집의 입구는 돌로 막아 놓은 채 벌집 입구 주변의 땅을 파서 벌이 다른 쪽으로도 제 집을 드나들 수 있게 했다. 그러나 벌에게는 융통성이 없었다. 입구에 얹혀진 돌 위에서 '여기가 내 집인데 어찌 된겨'만을 연발했다. 우회할 줄 모르는 정신, 바로 그것이 땅벌의 무데뽀 정신이었다.

그레이렉이나 땅벌에게 현저하게 부족한 것은 융통성이었다. 융통성 없는 한결같음을 미덕으로 아는 인생, 피곤할 수밖에 없다. 융통성 없이 하나의 믿음만을 결사적으로 지켜가는 것은 광신, 혹은 교조주의다. 세상일이 뜻대로 돌아갈 순 없다. 그럴 땐 무엇이 변했는지, 달라진 변수를 살피라는 거다.

단풍에 대한 신화와 과학

서정주 시인은 「푸르른 날」에서 '저기저기 저 가을 꽃 자리/초록이 지쳐 단풍 드는데'라고 노래했다. 가히 절창이다. 그러나 시적 진실은 문학적 진실이고 과학은 문학적 진실과는 사정이 다르다. 하나는 비약적이고 하나는 단계적이다. 하나는 신화의 영역이고 하나는 사실의 영역이다. 신화에 대해선 놀라워 하면 되고, 사실에 대해선 그렇군 하면 된다. 물론 사실에 대해서도 '놀라워'라고 말할 수는 있다. 평범한 사실 속에 놀라움이 있는 것이니까. 일상日常은 경이가 태어나는 장소다.

나뭇잎에는 몇 가지 색소가 있다. 광합성을 담당하는 초록색 엽록소葉綠素·chlorophyll, 노란색을 내는 카로티노이드carotenoid, 붉은색을 내는 안토시아닌anthocyanin 등이 그것. 카로티노이드는 엽록소가 잘 흡수하지 못하는 다른 파장의 빛을 흡수하는 보조 색소다. 보통 엽록소와 함께 봄부터 잎에서 만들어지지만 나무가 한창 자랄 때는 엽록소의 기세에 눌려 눈에 띄지 않는다. 하지만 가을이 되어 기온이 떨어지면 잎자루에 조금씩 균열이 일어나 잎에서 만든 영양분인 탄수화물이 줄기로 가지 못한다. 이렇게 되면 잎이 산성화되면서 엽록소가 파괴된다. 엽록소가 힘을 잃으면 이 노란 색소가 우리 눈에 비로소 드러난다.

붉은 색소인 안토시아닌은 늦여름부터 새로 만들어진다. 열매와 꽃이 붉은 것도 안토시아닌 덕분이다. 그런데 왜 겨울을 앞두고 비싼 비용을 들여가면서까지 굳이 안토시아닌을 만들까. 불필요한 예산 지출이 아닌가?

불필요한 예산 지출에 대해서 따지는 야당 의원들에게 단풍나무는 아마도 이런 발언으로 응수했을 것이다.

"동절기를 코앞에 둔 상황에서 불필요한 지출은 없습니다. 안토시아닌은 해충을 퇴치하기 위한 화학적 방어 물질입니다. 2008년 영국 임페리얼대 연구진은 진딧물이 붉은색보다 노란색에 6배나 많이 몰려드는 것을 실험을 통해 확인한 바 있습니다. 열매를 맺는 가을에 해충이 몰려드는 것을 막기 위해 힘들여 붉은색 색소를 만들었다는 것을 유념해 주시기 바랍니다. 굳이 곤충으로부터의 공격을 방어할 목적이 아니었더라면 값비싼 화학 물질인 안토시아닌을 만들 필요가 없다는 것을 유념해 주십시오. 물론 이 방어 물질은 때론 공격용 화학 물질로 그 기능을 달리할 수 있습니다. 안토시아닌은 우리 단풍나무 주변에 다른 종의 나무가 자라지 못하게 하는 독소毒素로도 쓰인다는 사실입니다. 단풍잎이 땅에 떨어져 안토시아닌 성분이 땅속에 스며들면 다른 수종의 생장을 막을 수 있다는 사실입니다. 우리와 같은 식물이 화학 물질로 다른 식물의 생장을 억제하는 현상을 타감他感·Allelopathy 작용이라고 합니다. 방어용으로도 쓰고 공격용으로도 쓰이는 이 유효한 물질인 안토시아닌의 생산을 단지 고비용이라는 이유로 마다할 이유는 없다고 생각합니다. 어떻든 인간의 단풍놀이 시즌에 대비해 우리가 이 값비싼 화학 물질을 만들어내는 것은 아니라는 사실입니다."

초록이 지쳐 단풍 든다는 말도 생각해 보면 과학적으로도 크게 틀린 말은 아니다. 서정주 시의 과학적 버전은 이렇다. "초록의 엽록소가 지치면 안토시아닌의 붉은 단풍 세상이 된다." 밋밋하고 멋없다. 그래서 색을 노래하는 시인이 있어야 하나 보다.

유경하 단순히 색만 보면 그렇지만 진딧물이 들지 못하는 유일한 나무가 노란 잎을 자랑하는 은행나무이다. 은행나무는 자체가 살균 성분을 함유하기 때문인데 책갈피에 은행잎을 넣어 놓으면 좀이나 곰팡이도 먹지 않는다. 심지어 바퀴벌레도 들지 못한다는데. 암튼 보일 샘 글을 읽어 보니 은행나무는 단풍나무와는 다른 방식으로 생존의 진화를 완성시켰음이 틀림없나 보다.

김보일 진딧물은 노란색을 붉은색보다 6배나 더 좋아한다고 하는데 대체 은행나무 내부에서 무슨 일이 일어난 거야. 이런 버러지들 같으니라구. ㅎㅎ

유경하 물론 카로티노이드와는 관계가 없고 '프라보노이드 Ginkgo-flavon glycosides'와 '터페노이드 Ginkgolides and bilogalides'라는 성분의 복합 작용으로 항균, 살충 작용을 나타내게 되는데 세균이나 진딧물은 물론 은행잎을 정화조 속에 담아 놓으면 모기의 유충까지도 사멸시킨다고 한다. 친환경 모기 박멸법이지. 진딧물 정도는 아무것도 아니고 바퀴벌레도 범접을 못 한다는데야~.

"양의 이빨처럼 보이니?"

석탄, 검은 태양

양의 이빨이 고사리 잎처럼 생겼는지는 모르겠지만 어쨌든 고사리는 '양의 이빨'이라는 뜻을 가진 '양치식물羊齒植物, Pteridophyta'이다. 깃털처럼 생긴 이 식물의 잎은 태양의 빛을 에너지원으로 삼으며, 죽으면 퇴비가 되거나 동물에게 먹힐 때까지 태양 에너지를 저장한다. 한때 지구를 가득 덮었던 양치식물은 진흙으로 가득 찬 늪지의 퇴적물 아래 묻혀 엄청난 압력을 받으며 석탄으로 변신한다. 수천만 년 전의 태양빛을 잔뜩 끌어안은 채 지하 깊숙한 곳에 묻혀 있는 석탄을 '검은 태양'으로 불러도 좋은 이유가 여기에 있다.

지구는 자족自足하는 행성이 아니다. 모든 생명은 결국 태양에게 빚지고 있는 셈. 땅속 저 시커먼 돌들도 결국 태양에게 빚지고 있는 셈이다. 무엇인가가 태양을 머금기 시작했을 때 비로소 지구 역사의 1페이지가 시작되었다.

고래가 그랬다

 심장은 폭스바겐만 하다. 혀 위에 코끼리를 올려놓을 수도 있다. 몸무게는 고양이 3만 마리를 합쳐 놓은 것만 하다. 혈관은 소방호스 굵기다. 이 정도 힌트면 아시겠는가? 답은 고래다. 북방혹고래의 고환은 무려 1톤이다. 창피 당하지 않으려면 그 앞에서 지퍼를 함부로 내릴 생각을 마시라. 흰긴수염고래는 한 번 사정에 1,350리터의 정액을 방사한다.(1,000리터가 1톤임을 상기하시라.) 아무리 잘 단련된 무사라도 고래를 당할 자는 없다. 호랑이의 송곳니도 매의 발톱도 고래의 덩치 앞에서는 속수무책이다. 양은 또 하나의 질이다.

 싸움에도 엄연히 규칙과 논리가 있다. 주먹 쥐고 싸우는 판에 곡괭이나 삽자루를 휘두르는 건 치사하고 몰염치한 일이다. 그러나 이런 몰염치한 일을 아무렇지도 않게 감행하는 존재가 있으니 바로 인간이다. 초음파 추적 장치, 전자 장치와 신무기…… 테크놀로지의 위엄을 앞세워 자연에게 별별 가공할 만한 짓거리들을 감행한다. 역지사지易地思之의 마음 씀씀이, 그런 건 없다. '나'라는 존재의 복지 이외엔 관심이 없다. 철저한 자기 중심주의요, 치졸한 소아병적 태도다. 성장주의는 그들이 내세우는 또 하나의 이데올로기.

'우리가 모르는 고래의 삶'이란 부제가 붙은 엘린 켈지의 『거인을 바라보다』(황근하 옮김, 양철북, 2011)는 우리를 데리고 저 깊은 심해로 들어간다. 고래의 폐활량에 턱없이 미치지 못하지만 고래를 따라가는 그 여행은 흥미롭기 짝이 없다. 범고래 새끼 수컷은 지독한 마마보이다. 평생 어미 고래 곁을 떠나지 않는다. 한 번 출산에 한 마리만 낳고, 70살 수명에 13살까지 젖을 물리는 고래, 새끼가 포경선에 잡혀가면 포경선을 이마로 들이받는다. 모성도 체구만큼 지극하다. 향유고래가 해마다 바다에서 먹어치우는 먹이의 양은 8천만~1억 톤, 이는 인간이 전 세계 어장에서 건져 올리는 것을 웃도는 양이다.

그렇다면 대체 왜 고래는 이토록 어마어마한 몸집으로 진화했을까? 책은 그 해답의 단서를 말해 준다. 쥐처럼 작은 동물은 신진대사율(단위 질량당 소비되는 에너지)이 너무 높아 음식을 찾아 멀리 돌아다닐 수 없지만, 몸집이 커지면 신진대사율이 낮아져 양질의 음식을 먹지 않아도 되기 때문이다. 책은 바다가 사실 영양학적으로 풍부한 곳이 아님을 말해 준다. 고래도 식량난에 허덕인다는 이야기. 몸집이 커서 게을러 보이지만 먹이를 찾아 분주하게 돌아다니는 고래는 하루에 150킬로미터를 이동한다. 쇠고래는 멕시코만에서 북극까지 2만 킬로미터를 여행한다.(지리산 종주는 이런 여행 앞에서는 새 발의 피다.)

'고래, 몸집만 컸지 미련한 건 아닐까?' 하는 생각을 가진 사람들이 있을지 모른다. 하지만 이는 착각. 많은 인류학자들이 문화는 모방에서 시작되고 학습으로 전파된다고 했다. 엘린 켈지의 책은 고래 역시 인간처럼 어엿한 문화적 존재임을 말해 준다. 오스트레일리아 샤크베이에 사는 돌고래는 도구를 사용한단다. 호모 파베르, 도구적 인간이라는 자존심이 무너지는 순간이다. 사실 이 자존심은 일찍이 침팬지들이 흰개미를 잡기 위해 나뭇가지를 이용한다는 사실을 관찰한 영장류 학자, 제인 구달에 의해서 무참하게 깨진 바 있다. 아무튼 샤크베이의 돌고래들은 해저에서 해면동물을 뜯어내 주둥이에 물고 독가시가 있는 스톡피시를 사냥한단다. 해면동물이 독가시에 찔리지 않기 위한 보호 장구로 탈바꿈되는 순간이다. 재미있는 것은 고래들이 이 '해면동물 사용법'을 어미 돌고래에게 배운다는 점이다. 본능이 아닌 학습에 의해서 말이다.

병코돌고래는 평생 사용할 자기 이름을 '휘파람'으로 만들어 사용하기도 한다. 호모 로퀜스, 언어적 인간의 위상이 흔들리는 순간이다. 혹등고래의 뇌에서 발견된 방추 신경세포는 오직 인간과 대형 유인원에게서만 발견되는 것으로, 이 세포는 사회적 조직력과 공감 능력, 화술, 타인에 대한 직감, 사랑과 감정적 고통을 느낄 수 있게 하는 부분이란다. 어쨌든 병코돌고래가 사랑의 아픔을 안다고까지는 확신할 수 없지만 병코돌고래가 감정도 없는 단순한 동물에 지나지 않는다고 할 수는 없겠다. 뿐만 아니라 고래는 거울을 보고 자신의 존재를 알아차린다. 아무리 영리한 고양이라도 어림없는 일이다.

북대서양의 사르가소에 사는 암컷들은 교차 양육의 사례를 보여준다. 한 마리의 새끼가 여러 마리의 암컷들로부터 젖을 얻어먹는다. 왜 이런 일이 생겨났을까? 어미와 새끼의 폐활량은 차

"바닷속이야말로 사랑의 메아리가 넘치는 곳"

이가 난다. 향유고래가 한 번 잠수해 바닷속에 머무는 시간은 30~45분. 어떤 고래들은 1시간이나 잠수한다. 이때 엄마가 깊이 잠수해 들어갔을 때 어린 새끼들은 누가 돌보겠는가. 바로 이모와 할머니와 같은 모계 집단이다.

 진화 이론 중에 '할머니 이론'이라는 것이 있다. 대부분의 동물은 죽을 때까지 생식이 가능한데 어째서 인간은 일반적인 동물과 달리 45세 전후에 폐경을 맞이하고, 더 이상 생식할 수 없음에도 70세 정도까지 장수할까를 추측하는 이론이 '할머니 이론'이다. 답은 이렇다. 인간은 어미의 보살핌을 받아야 하는 기간이 다른 동물보다 길다. 따라서 나이가 들어서 아이를 낳았다가는 자식이 혼자 힘으로 살 수 있을 때까지 제대로 지켜줄 수가 없다. 게다가 나이가 들수록 아이를 낳는 일이 위험해진다. 이 때문에 나이가 들면 직접 아이를 낳기보다는 이미 낳은 자식들이나 손자들을 보살피는 것이 같은 유전자를 가진 후손의 수를 늘리는 데 효과적이라는 것이다.

 이 할머니 이론은 고래의 모계 사회를 설명하는 데도 유효하다. 고래 연구 학계에서는 고래의 학습이 고래들의 모계 사회와 밀접한 연관이 있다고 말한다. 즉 고래의 행동 양식은 모계에 따라 결정되며 같은 집단에서 소리, 생존 방식, 육아 방법은 일치한다는 것이다. 책은 말한다. "연장 사용은 어미에게서 딸에게로, 문화적으로 전수되었을 가능성이 더 크다. 한 마리가 어떤 도구를 사용해 그들 사이에서 화젯거리가 되고, 다시 다른 돌고래들이 이 행동을 모방하고 다음 세대에 전수하는 식으로 말이다. 그것은 해양 포유류가 야생에서 서로에게 도구 사용법을 알려준다는 증거다. 즉 그들이 문화를 가졌음을 증명하는 증거가 된다."

바다에는 파도 소리와 새가 우는 소리 외엔 어떤 소리도 없을 것이라는 것은 편견에 불과하다. 고래가 고래를 부르는 소리는 우리 귀에 들리지 않는다. 바닷속은 수많은 소리들의 창고다. 고래들은 인간이 들을 수 없는 소리들을 듣는다. 고래들의 뇌 속에서 음향을 담당하는 부분은 인간의 것보다 10배 이상이나 된다. 그만큼 소리의 감지가 생존에 필수적이라는 이야기다. 그런데 '닦달하기의 명수'인 인간은 이런 사실을 섬세하게 고려할 여유가 없다. 폐수만 바다에 쏟아붓는 것이 아니라 해안 개발, 선박 운송, 석유 탐사에 따르는 엄청난 소음을 바다에 쏟아 붓는다. 소리를 이용해 해저 공간을 인식하고 먹이를 찾는 고래들에게 음향 스모그는 심각한 문제다.(바다에 가서는 기침도 조심스럽게 할 일이다.) 남김없이 바닥을 훑고 지나가며 물고기를 싹쓸이해 가는 저인망 사용도 문제.(고래들이 펄펄 뛰는 건강한 바다를 볼 수 있으려면 인간의 먹이를 조금 양보해도 되지 않을는지.)

딱딱한 이론을 들먹이고 시시콜콜 그 증거를 대느라 여유가 없는 남성적 글쓰기와는 달리 서사와 이론을 여유롭게 버무리는 엘린 켈지의 여성적 글쓰기는 고래라는 대상을 부드럽고 유머스럽게 조망한다. 엘린 켈지와 함께 망망대해와 심해를 고래의 폐활량을 빌려 떠돌아 다녀보는 것도 신선한 경험이 될 것이다.

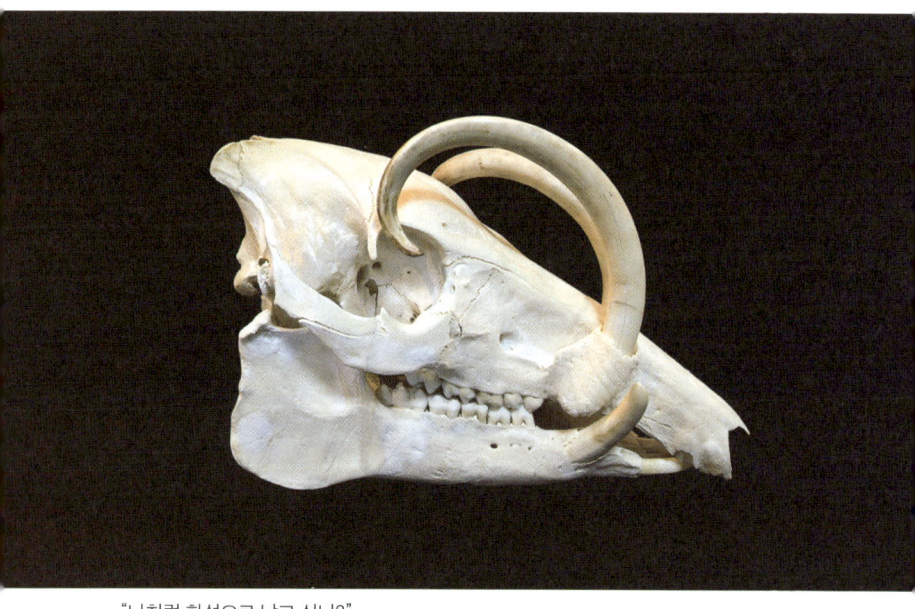

"나처럼 화석으로 남고 싶니?"

바비루스의 어금니

바비루스는 코끼리와 같은 날카롭고 단단한 어금니를 가지고 있다. 이 어금니는 바비루스를 적으로부터 지켜주는 무기가 된다. 그러나 바비루스가 살아 있는 동안 이 어금니는 계속 자라게 되고 자라난 어금니는 활처럼 휘어져 안구를 뚫고 나가 결국은 바비루스를 죽게 만든다. 이를 두고 폭주 진화라고 하던가.

기술도 본래적으로 나쁠 것이 없다. 인간의 피부를 보호하자는 것이 의복 기술이요, 외부의 위협으로부터 인간을 보호하자는 것이 주택 기술이요, 인간의 밥통을 채워 주자는 것이 사냥 기술이 아니었던가. 그러나 기술이 반성을 모르고 성장하면 인간의 살을 파고들 수 있는 바비루스의 어금니로 돌변할 수도 있다는 사실도 한 번쯤은 기억해 둘 필요가 있겠다.

진득하기 천하제일은?

주디스 콜의 『떡갈나무 바라보기(후박나무 옮김, 사계절, 2002)』라는 책을 가장 재미있게 읽으려면 진드기를 눈여겨보아야 한다. 포유동물의 피를 빨아먹는 이 진드기란 놈은 이름 그대로 진득한 놈이다. 명실상부, 상상초월! 진득해도 보통 진득한 게 아니다. 진드기! 그저 달아 준 이름이 아니란 사실을 몸소 눈여겨보시라.

짝짓기를 한 뒤, 진드기의 암컷은 키 작은 관목을 타고 올라간다. 나무 밑을 지나쳐 가는 동물의 몸에 낙하하기 위해서다. 진드기는 나무에 매달려 있다가 나무 밑을 지나가는 동물에 뛰어내려, 동물의 피를 빨고 땅속에 들어가 알을 낳고 죽음을 맞이한다. 흥미로운 대목은 여기에 있다.

눈도 없고, 귀도 없는 진드기가 어떻게 동물의 출현을 감지할까. 진드기는 후각이 발달하여, 포유동물의 피부샘에서 발하는 부티르산의 냄새를 맡는다. 나무 밑을 지나가는 포유동물이 발하는 부티르산의 분자가 진드기의 코를 자극하는 순간, 진드기는 정확하게 포유동물에게 몸을 날린다. 만약 사냥감이 나타나지 않으면 어떨까. 방법은 간단하다. 나뭇가지에 매달려 계속 기다린다. 하염없이 기다린다. 언제까지? 포유동물이 지나갈 때까지. 10년이고, 20년이고, 기다리고 기다린다. 실제로, 로스토크의 동물 연구소에는 아무것도 먹지 않고, 20년 이상 살아 있는 진드기가 있다고 한다. 먹이가 나타날 때까지 10년이고 20년이고 나뭇가지에 매달려 사냥감을 기다리는 진드기! 진득하기가 천하제일이다. 성철도, 경허도 진드기 앞에선 다 죽었다. 오체투지. 경배하라. 먹고사는 일의 엄숙함을 온몸으로 구현해 보이는 이 미물에게.(관념론자들이여, 시간마저도 밥통이 결정한다.)

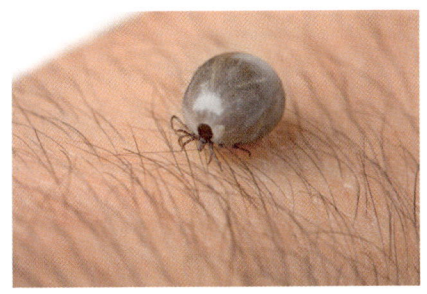

부팅이 더디다고 엔터키를 팍팍 두드려 대고, 엘리베이터의 닫힘 버튼을 팡팡 두들기는 인간들이여, 진드기의 진득함을 보시라. 당신의 피를 빨 자격이 있지 아니한가?

진화의 산물일까, 창조의 산물일까
– 폭격수딱정벌레

토머스 아이스너에게 1955년은 어떤 여름보다 뜨거웠다. 그는 박사 논문을 쓰고 있는 중이었다. 독특한 화학적 재능을 가진 곤충을 찾아다니던 중 그가 만난 곤충은 폭격수딱정벌레bombardier beetle였다. 폭격수딱정벌레는 그 독특한 재능으로써 아이스너를 미국 코넬대학 석좌 교수에 올려놓는다.

바위틈에서 붉은색을 띤 갈색 몸통에 각도에 따라 달라지는 푸른색 앞날개를 가진 딱정벌레를 손가락으로 잡고 병 속으로 밀어 넣는 순간 갑자기 펑하는 소리가 연속적으로 들렸다. 폭격수딱정벌레가 내는 소리였다. 펑하는 소리를 낼 때마다 딱정벌레의 항문 부위에서는 연기가 피어올랐고, 손은 뜨거운 열로 후끈거렸다. 아이스너를 지탱하고 있는 인식의 축이 갑간 흔들렸다. 곤충과 화학의 경계가 흔들리는 순간이었다. 화학 생태학Chemical ecology이라는 미개척의 학문이 아이스너에 의해서 세계로 진입하

는 순간이기도 했다.

그는 마틴 리스Martin Rees의 『우리 우주와 다른 우주들Exploring Our Universe and Others』의 한 구절을 인용하여 말했다.

"이 존재들의 놀라움은 작은 몸집이 아니라 이루 말할 수 없는 복잡함에 있다. 곤충에 비한다면 하늘의 별도 지극히 간단한 구조체일 뿐이다." 이 딱정벌레들은 평상시에는 폭발 물질이 만들어지지 않도록 억제 물질을 분비하는데, 이로 인해 폭격 원료 용액이 체내에서 수정같이 맑은 상태로 유지된다. 하지만 자신이 위협을 받을 때는 두 주머니 속에 들어 있는 각각의 화학 물질을 연소관으로 분사한다.

폭격수딱정벌레의 폭발 메커니즘은 아이스너의 책 『곤충—전략의 귀재들』(김소정 옮김, 삼인, 2006)이란 책에 소상하게 소개되어 있다.

 딱정벌레는 연소관에서 두 종류의 효소, 카탈라아제와 페록시다제를 분비한다. 카탈라아제는 과산화수소를 물과 산소로 급격하게 분해시키는 효소이며, 페록시다제는 그 산소를 이용하여 하이돌퀴논 물질을 퀴논으로 급격히 산화시킨다. 퀴논은 독성을 가지며 가려움을 일으키는 화학 물질이다.

 이 일련의 과정은 폭격수딱정벌레의 연소관에서 아주 급격히 일어나 그 용액과 기체를 섭씨 1백 도까지 가열시키고 높은 압력을 발생시킨다. 그 압력이 일정 수준에 도달하면 폭격수딱정벌레는 연소관 끝의 꼭지를 열어 큰 힘으로 뜨거운 기체를 뿜어내는데, 단지 몇 분 안에 15회 내지 20회의 폭발을 반복할 수 있고, 또한 그 연소관을 360도 회전시킬 수 있다. 그 정확성은 서부 영화 시대의 존 웨인을 능가한다.

 딱정벌레가 이와 같은 기능을 하기 위해서 두 종류의 화학 물질과 두 종류의 효소 그리고 억제제가 필요하며, 저장낭과 연소관 꼭지, 발사 근육과 그것을 조절하는 신경망 같은 구조물이 있어야 한다. 각 구조들은 그 기능을 하기 위해 특수하게 고안되어 있어야 한다. 예를 들어 연소관은 섭씨 1백 도의 뜨거운 부식성 화학 물질에도 끄떡없는 물질로 구성되어 있고, 높은 압력에서도 터지지 않도록 되어 있어야 한다.

 이 작은 미물微物이 어떻게 그와 같이 복잡하고 완벽한 기능을 하는 기관을 갖게 되었을까? 진화론자들은 이 폭격수딱정벌레가 수천 번의 유전적 돌연변이를 거치면서 평범한 딱정벌레로부터 진화했다고 믿는 반면 창조론자들은 우연은 결코 이런 복잡한 구조를 설계할 수 없다고 본다.

리즈Leeds 대학에서 실시되는 3년 프로젝트는, 온도가 낮은 고공에서 엔진을 점화할 수 있는 방법에 대한 아이디어를 얻기 위해 항공기 설계자들이 폭격수딱정벌레를 연구할 것이라고 한다. 다음은 열역학 교수인 앤디 맥킨토시Andy Mcintosh의 설명이다.

"폭격수딱정벌레의 방어 메커니즘은 연소combustion에 대한 매우 효과적인 자연적 형태를 나타내고 있다. 그러한 자연 메커니즘을 복사copying하는 것은, 이미 자연에 존재하는 복잡한 설계intricate design의 모습 속에서 많은 것을 배우며 발전하고 있는 생물모방biomimetic 분야의 한 부분이다. 이 딱정벌레를 더 잘 이해하는 것은 연소 분야의 연구에 중요한 발전이 될 수 있다."

1999년 10월 1일 미국 정부는 폭격수딱정벌레를 우표 도안으로 결정한다. 이쯤 되면 벌레도 세종대왕이나 퇴계 이황에 버금간다. 그해의 가장 뛰어난 업적을 성취한 생물 모방 공학자들에게 '폭격수딱정벌레 상'을 수여하는 것도 의미 있는 일이겠다.

풀이 저지르는 레밍의 집단 타살

　노르웨이 북부 초원지대에 사는 나그네쥐, 레밍은 집단 자살을 하는 것으로 알려졌다. 협소한 공간에 지나치게 많은 개체들이 몰려 있는 과밀집 상태에서의 스트레스가 그 원인으로 알려졌으나 최근의 연구 결과는 다른 원인을 지목했다. 레밍이 먹이로 하는 사초莎草과의 식물이 그 원인이라는 것. 어떻게 사초에게 자백을 받아냈는지는 알 수가 없다. 어떻든 그 시종은 이렇다.

　레밍이 섭취하는 사초의 양이 적을 경우에 사초들은 소화를 억제하는 중화액의 생산을 30시간 후에 중단한다. 그러나 레밍이 계속 증가해서 사초가 위협받으면 사초들의 중화액 생산도 늘어나며 레밍의 수가 절정에 달할 때까지 중화액 생산도 계속 증가한다. 이 중화액이 레밍에게 미치는 영향은 단순히 소화를 불가능하게 만드는 데 그치는 것이 아니다. 레밍은 소화를 할 수 없기 때문에 체내에서 갈수록 많은 소화액을 생산하게 되고 따라서 체력이 고갈되며 거의 굶어 죽는 상태가 된다. 그 결과 레밍은 풀을 많이 먹을수록 더욱 허기가 져서 인근 툰드라 지대의 풀들을 모두 먹고 나면 호수나 바다의 가장자리에 도달하게 된다. 레밍은 물 건너에 있을지도 모르는 먹이를 찾아 미친 듯이 바다나 호수 속으로 뛰어들게 된다. 한마디로 허기가 져서 눈에 뵈는 것이 없는 상태가 된다.

사초가 레밍의 수를 제한하듯이 정점으로 치닫는 인간의 질주 본능을 저지할 풀은 과연 없는 것일까?

"배고파요?"

그놈의 시아노 박테리아 때문에

'지구地球'라는 단어는 꽤 인간 중심적이다. 지구의 이방인, 에일리언의 차원에서 보자면 '지구地球'는 '수구水球'로 불리워야 마땅하다. 지구 표면의 대부분은 육지가 아니라 바다이기 때문이다. 뭍은 인간을 포함한 육상 동물의 거주지일 따름이고, 많은 생명이 바다를 거처로 한다.

원시의 대기에는 산소는 없었지만 생명은 있었다. 바꿔 말해 산소가 생명의 전제 조건은 아니란 이야기다. 산소 없이 살았던 혐기성 박테리아가 지구 최초의 생명체였다. 10억 년 동안 이 생명체가 진화하여 지구 최초의 식물성 박테리아인 시아노 박테리아가 만들어진다. 36억 년 전의 일이다.(예수가 2천 년 전에 세상에 왔으니 참 오래전의 일이다.) 그러니까 생물은 10억 년 동안 산소 없이 살아온 셈이다.

시아노 박테리아는 빛에너지와 물, 공기 중의 이산화탄소를 이용해 지구를 산소가 풍부한 행성으로 만들어 놓았다. 시아노 박테리아가 산소를 만들어 골칫덩어리 인류가 지구상에 출현할 수 있는 터전을 만든 장본인인 셈이다.

시아노 박테리아란 녀석이 산소를 만들어 내지 않았다면 로미오는 줄리엣을 끌어안고 비통한 눈물을 흘리지 않았을 것이고, 춘향은 감옥에서 칼을 쓰고 이 도령을 기다리지 않았을 것이고, 심청이는 아버지의 눈을 뜨게 하기 위해서 심해로 몸을 던지지 않았을 것이며, 전두환은 구국의 일념으로 탱크를 이끌고 서울로 진격하지 않았을 것이며, 수양대군은 어린 조카를 죽이고 제가 왕이 되겠다고 칼부림을 하지 않았을 것이며, 아이들은 대학엘 가겠다고 보충수업에 학원에 과외에 난리 법석을 떨지 않을 것이다.

누가 시키지도 않았는데 지구상에 산소를 만들어 놓은 그놈의 시아노 박테리아 때문에 울고불고 헤헤거리고, 찧고 까불고, 증오하고 그리워한다. 이 모든 것이 시아노 박테리아 때문이다.

> **강철** ^^……보일 샘. 내가 알기로 지구 초기의 대기 모습은 산소의 존재가 일찍부터 있었다는 걸로 나옵니다. 산화철 같은 게 그 증거지요. 환원성 대기가 아니라 산화성 대기여서 유레이의 실험도 의심을 받는 상황이구요.

> **김보일** 맞는 말씀입니다. 단지 원시 대기의 산소는 아주 극미량이라서 없는 것과 다름없다고 볼 수 있죠. 대량의 산소는 시아노 박테리아라는 남조류의 출현으로 가능했다는 이야깁니다.

꼭꼭 숨은 자를 볼 수 있는 코

언어는 음성적 메시지이고, 냄새는 화학적 메시다. 스컹크의 고약한 방귀는 한마디로 썩 꺼지라는 명령이다. 이 명령에 복종하지 않기 위해서는 성능 좋은 가스 마스크를 써야 한다. 과일의 향긋한 냄새는 열매가 알맞게 익었으니, 냉큼 베어 먹고 씨를 떨어뜨려 달라는 홍보의 메시지이고, 감의 떫은 맛은 아직 먹을 때가 안 되었으니, 건드리지 말아 달라는 일종의 경고 메시다. 썩은 고기, 역시 특유한 악취를 풍기며 포식자의 접근을 막는다. 그러나 구더기에게는 이런 경고의 메시지가 먹힐 리 없다. 분해자 역할을 맡은 미생물 역시 악취를 아랑곳하지 않는다.

코가 냄새를 맡으려면 수많은 냄새 분자와 결합할 수용체, 다시 말해 후각 센서가 코 안에 있어야 한다. 냄새를 결정하는 것은 이 후각 센서의 유무이지 냄새의 유무가 아니다. 가령 인간에게는 썩은 고기의 냄새 분자를 포착하는 센서가 있어. 썩은 고기의 화학적 신호를 전기신호로 바꿔 이를 신경계에게 보내면 신경계는 먹지 말라는 메시지를 보내온다. 그러나 썩은 고기를 먹는 동물들에게는 썩은 고기 냄새 분자를 감지하는 센서가 없다. 혹 그런 센서가 있더라도 썩은 고기에 대한 뇌의 해석은 다를 수 있다. 먹어라! 분해하라!

싱그러운 방년의 처자에게서 풍기는 아리따운 향은 2세를 가질 수 있는 준비가 되었다는 메시지고, 꽃의 향기는 고열량 식품인 열매의 위치를 알려주는 메시지다. 열매를 손에 쥐려는 자는 먼저 꽃과 열매의 향기에 후각 센서를 작동시키지 않으면 안 된다. 냄새는 수많은 메시지를 말없이 우리들에게 알려준다. 그러나 상대방이 전해주는 화학적 메시지에 '코를 기울이기 위해' 여성의 목덜미 근처를 킁킁거린다거나 머리칼에 코를 박는 것은 매우 위험한 일이다. 자칫 착실하게 쌓아 올린 당신의 명예를 일시에 날려 버릴 수도 있다. 제발, 참자.

냄새, 즉 화학적 메시지로 의사소통을 하는 대표적인 동물은 곤충으로 알려져 있다. 특히 페로몬은 곤충이 짝짓기 상대를 불러들이기 위해 뿜어내는 일종의 유혹 물질 역할을 한다. 적당한 먹이를 찾았을 때나 좋은 서식지를 발견했을 때 분비하여 동료들을 불러 모으는 집합 페로몬, 천적의 침입을 받으면 동료들에게 위험을 알려주기 위한 경보 페로몬 등 페로몬의 기능은 다양하다. 어떻든 냄새 분자를 포착하는 후각 센서가 없으면 페로몬도 제 구실을 못한다.

냄새는 강력한 유혹이다. 보기 싫으면 눈을 감으면 되고, 듣기 싫으면 귀를 막으면 되지만, 호흡과 한 세트인 냄새를 맡기 싫다고 코를 막을 수는 없다. 보기 싫은 사람은 안 보면 되지만, 냄새가 나쁜 사람은 어쩔 수 없이 견뎌야 한다. 그렇다고 코에게 아무런 전략이 없는 것도 아니다. 코는 쉽게 피로를 느끼는 전략을 구사한다. 재래식 화장실에서 코를 막지 않아도 되는 것은 후각이 가장 쉽게 피로를 느끼는 감각이기 때문이다.

빛은 직진한다. 그러나 냄새의 진원지의 분자들은 부유한다. 빛이 직진하기 때문에 바위 뒤에 숨은 호랑이(포식자)는 토끼(피식자)의 눈에 보이지 않는다. 그러나 냄새의 분자는 부유하기 때문에 호랑이(포식자)가 바위 뒤에 숨어도 토끼(피식자)에게 자신의 냄새를 숨길 수 없다. 시력이 뛰어난 놈들은 먹잇감을 쉽게 구하고 적을 금방 알아차리지만, 시력이 약하더라도 코가 예민하면, 시력이 뛰어난 놈이 부럽지 않다. 시력이 뛰어난 놈은 바위 뒤의 적을 보지 못하지만 후각이 뛰어난 놈은 보이지 않는 곳까지 볼 수 있다. 바로 코로 말이다. 아무리 꼭꼭 숨어도 냄새를 숨길 수 없으면 들킨다. 코가 냄새를 보기 때문이다. 코는 제2의 눈이다.

추울 땐 쓸데없이
돌아다니지 말자

　근면하고 부지런한 개체는 그렇지 않은 개체보다 생존에 유리하다. 서양 속담에도 '일찍 일어난 새가 벌레를 잡는다'라고 하지 않던가. 식사 시간에 꾸물거리다가는 빈속으로 식사 끝이다. 억울하다고 이야기해 봐야, 게으른 자의 때늦은 변명일 뿐이다. 경쟁자들은 당신의 몫을 남겨 둘 정도로 친절하지 않다. 오직 근면한 자가 근면함에 합당한 몫을 누리는 곳이 자연의 세계다. 그러나 대니얼 네틀의 『성격의 탄생』(김상우 옮김, 와이즈북, 2009)을 읽다 보니 근면함, 다시 말해서 '빠르고 기민함'이 반드시 좋은 것만은 아니다. 내용인즉슨 이렇다.

　네덜란드의 닐스 딩게만스Niels Dingemanse와 그의 동료들이 박새를 연구해 보니 1999년과 2001년에는 '빠른' 박새 암컷의 생존율이 훨씬 높았단다. 빠르다 보니 활동 반경도 넓고, 움직임이 많아 먹이가 부족한 겨울에, 먹이 찾기 경쟁에서 앞설 수 있었기 때문이었다. 그런데 2000년의 경우에는 '빠른' 박새의 생존 가능성이 오히려 낮았다. 왜 그랬을까? 모두가 배불리 먹을 수 있을 만큼 먹이가 풍부할 때는, 과도한 움직임과 활동이 생존에 도움이 되지 않았기 때문이었다. 지출하지 않아도 좋을 불필요한 에너지가 박새의 적합성을 낮춘 것이다. 먹이 하나 찾을 수 없는 한겨울에 웅크리고 잠을 자는 곰을 보라. 추울 땐 쓸데없이 빨빨거리며 돌아다니지 말자.

그런데 인간의 부지런함은 박새처럼 먹이만을 겨냥하지 않는다. 충분히 창고가 찼는데도 인간들은 계속 움직인다. 왜? 먹이만으로는 성이 차지 않기 때문이다. 골프회원권도 필요하고, 칙사 대접을 받을 수 있는 VIP 카드도 필요하기 때문이다. 말 타면 경마 잡히고 싶다던가. 끝없는 욕망 앞에서 그들은 결코 겨울잠을 모른다. 욕망이라는 열차는 멈춤을 모른다.

유경하 벌레들은 어떨까? 일찍 일어나는 벌레가 잡아먹힌다는 속담이 있을지도 모른다. 벌레는 해가 중천에 떴을 때 박새들이 다른 벌레를 잔뜩 잡아먹고 배가 불러 있을 때 느즈막히 일어나서 여유롭게 나뭇잎을 갉으며 성찬을 즐기는 편이 장수에 도움이 될지도 모르는 일이다. 얼마 전에 초파리의 운동성과 수명에 관한 연구가 있었다. 한쪽 유리 상자에는 정상 초파리를 잔뜩 집어넣고 다른 상자에는 날개를 모두 떼어낸 초파리를 잔뜩 넣었다. 그러곤 두 상자를 바이브레이터 위에 두었다. 날개가 있는 초파리들은 계속해서 날아야만 했고 날개를 떼인 초파리들은 날 수가 없어 떨리는 바닥을 기어야만 했다. 결과는 날개를 안 떼어낸 초파리들이 모두 일찍 죽으면서 날개 없는 초파리의 압승으로 끝이 났다. 관찰자들은 과도한 운동이 수명을 단축시킨다고 결론을 내렸다. 참 웃기는 자의적 결론이기도 하다. 쉬지 못하고 날던 초파리가 지쳐서 죽었는지도 모르고 혹시 날개 뿌리에 노화 유전자가 있어 날개를 떼어 낸 초파리가 오래 살 수 있었는지도 모른다. 과학자들의 분석은 어디로 튈지 모른다. 이게 뭔가?

김보일 어떤 과학자가 벼룩의 다리를 한 개 떼고선 소리 질렀지. 뛰엇. 벼룩이 뛰더래. 이번엔 두 개를 떼고 소리 질렀지. 뛰엇뛰엇뛰라긋~~ 벼룩이 좀 힘겹게 뛰더래. 이번엔 세 개를 떼고 소리 질렀지. 뛰어뛰어뛰어뛰엇~~~~~ 그러니까 더 힘겹게 뛰더라나. 그래서 이번엔 과학자는 벼룩의 다리를 모두 떼고 벼룩에게 소리 질렀지. 뛰어뛰어뛰어뛰어~~~~~ 그러나 벼룩은 꼼짝도 안 했어. 결국 과학자는 이런 결론을 내렸지. 벼룩은 다리를 떼 내면 귀가 먹는다.

북극곰의 조상은 원래 무슨 색깔이었을까

붉은여왕은 루이스 캐럴의 소설 『이상한 나라의 엘리스』의 속편, 『거울을 통하여』에 등장한다.

붉은여왕은 앨리스의 손을 잡고 숲 속의 나무 주위를 달린다. 하지만 앨리스는 한 발짝도 나아가지 못하는 것을 느끼고, 그 이유를 묻는다. 그때 붉은여왕은 "모든 것이 반대로 가는 거울나라에서는 단지 제자리에 머물기 위해서 쉼 없이 뛰어야 해. 그리고 만약 앞으로 나아가고 싶다면 최소한 두 배는 열심히 뛰어야 한다"라고 대답한다. 이 이야기를 생태계의 쫓고 쫓기는 평형 관계에 빗대어 '붉은여왕 효과Red Queen Effect'라고 부른 사람은 시카고대학의 생물학자 리 밴 베일런Leigh van Valen이었다.

붉은여왕 효과는 군비 경쟁에 비유할 수 있다. 한쪽이 군사비를 늘리면 다른 쪽도 군사비를 늘려야 평형 관계가 깨지지 않는다. 한쪽이 진화하면 다른 한쪽도 진화하는 관계, 이를 공진화 관계라 한다. 가령 먹잇감인 영양이 빨리 달리면 날쌘 먹잇감을 낚아채기 위해 치타도 빨리 달려야 한다. 영양이 빨라지면 치타는 그보다 더 빨라져야 굶어 죽지 않는다. 이에 질세라 영양은 치타보다 더 빨리 달리려 할 것이고, 치타 또한 영양 이상으로 달리기 속도를 높일 수밖에 없다. 인체의 방어 시스템을 향상시키기 위한 의학 기술이 업그레이드되면 바이러스도 업그레이드되는 식이다. 이런 끊임없는 군비 경쟁이 곧 붉은여왕 효과다. 이 이론에 의하면 영원한 승자는 없다. 물고 물리는 끊임없는 경쟁만 있을 뿐이다. 매트 리들리는 '붉은여왕'이란 책에서 붉은여왕의 원리가 작동하는 재미있는 예를 보여준다. 장황하고 산만한 내용을 짧게 요약해 보자.

"The Red Queen has to run faster and faster in order to keep still where she is. That is exactly what you all are doing!"

오래전 북극 물개는 현재의 남극 물개처럼 두려움이 없었다. 갈색곰은 이런 물개를 잡아먹기 쉬웠다. 그런데 어떤 우연한, 유전적 변이로 인해 예민하고 겁이 많은 물개가 생기면, 이 겁 많은 물개는 겁 없는 물개보다 오래 살게 되고, 물개들은 점점 조심성이 많아지게 된다. 물개가 우연한 과정을 통해 조심성이라고 하는 방어 시스템을 갖추게 되면, 갈색곰으로서도 본래의 평형 상태를 회복하기 위해 이에 상응하는 전략을 차리지 않을 수 없다. 그런데 갈색곰의 전략 또한 우연의 산물이다. 가령 우연한, 유전적 변이로 인해 갈색곰의 후손의 털이 희게 되면, 이 흰털은 눈과 얼음뿐인 북극에서 겁 많은 물개들에게 접근할 수 있는 유리한 기회를 갖게 한다. 곰의 흰털은 백색 천지인 북극에서 물개 사냥에 필요한 접근과 매복의 효율성을 월등히 높여주기 때문이다. 이렇게 되면 겁 없는 물개에서 겁 많은 물개로의 진화가 갈색곰에서 흰색곰으로의 진화와 맞물리게 되어 원래의 평형 상태를 회복하게 된다. 마치 영양의 빨라지는 속도가 치타의 빨라지는 속도를 이끌어 내듯이.

불쌍한 K 군들을 위한 제언

코르티솔은 스트레스 상황에서 부신 피질이 분비해 내는 호르몬이다. 코르티솔이 면역 기능을 저하시키는 '나쁜 놈'으로 인식되고 있지만 천만에다. 코르티솔은 참으로 기특한 호르몬이다. 원시 시대에 사자가 눈앞에 나타났을 때, 분비되는 호르몬이 코르티솔이다. 이 코르티솔은 근육으로부터 아미노산을, 간으로부터 포도당을, 그리고 지방 조직에서는 지방산을 혈액 안으로 내보내 몸이 필요한 에너지원으로 사용하게 한다. 그러니까 스트레스 상황에서의 코르티솔은 위험에 기민하게 대처할 수 있도록 하는 '위기 관리 호르몬'이었다.

이 호르몬에 관련한 재밌는 이야기가 음악 본능의 진화론적 기원을 밝힌 책 『호모 무지쿠스』(대니러 J. 레비틴 지음, 장호연 옮김, 마티, 2009)에 등장한다. 사연인즉슨 이렇다. 그 사연을 내 식으로 좀 각색해 봤다.

5만 년 전의 원시인 앞에 사자가 나타났다. 원시인의 몸 안에 코르티솔이 분비된다. 원시인은 도망가기 위해 달린다. 달리면 원시인의 몸 안의 코르티솔이 소진된다. 자신의 역할을 충분히 해내고 사라지는 코르티솔의 위대한 희생 정신!

그렇다면 오늘날의 샐러리맨들은 어떤가?

K 군은 P 이사에게 핀잔을 듣는다. K 군의 몸 안에 코르티솔이 분비된다. K 군은 담배만 뻑뻑 피워 댄다. 오만상을 찌푸린다. K 군은 회사 복도를 달리거나 무언가를 때려 부술 배짱도 없다. K 군의 몸에 분비되어 있는 코르티솔은 분해될 기회를 놓치고 K 군의 몸 안에 그대로 쌓인다. 5만 년 전의 원시인은 사자와 부딪힐 일이 그렇게 흔하지 않았지만 K 군은 P 이사를 하루에도 몇 번이나 부딪혀야 한다. 불쌍한 K 군의 몸은 코르티솔의 창고가 된다. K 군의 면역 기능이 약화될 것은 불을 보듯 뻔한 이치. 여기에 집에 돌아가면 아내라는 사자, 자식이라는 사자와 부딪혀야 하니 K 군의 몸은 코르티솔로 만신창이가 된다.

똑같은 코르티솔이지만 원시인에는 약이고 K 군에게는 독이다.

K 군이 스트레스를 받을 때마다 들입다 달리고, 화가 나면 P 이사와 아내와 자식을 냅다 발길로 걷어차면 우리 불쌍한 K 군의 면역 기능은 멀쩡할 것이다. 상사에게 깨지고, 집안에서 주눅 드는 여타의 K 군들에게 이런 좋은 방법을 권하는 바다. 아, 자

주 달리고 P 이사와도 좋은 관계를 유지하고, 아내와도 매끄러운 관계를 유지하고, 자식 농사 잘 지으면 된다고? 그렇게 좋은 방법이 있었다면 진즉에 알려주시지 않고…….

책에 등장하는 구절 하나! "코르티솔은 소화 기능을 일시적으로 방해한다. 도망칠 때면 모든 에너지를 소화가 아니라 동작과 민첩함에 쏟아부어야 하기 때문인데, 문제는 오늘날에는 스트레스를 받아도 말 그대로 싸우거나 도망칠 일이 별로 없어서 복통, 위염, 궤양과 같은 부작용에 고스란히 시달리게 된다는 점이다. 코르티솔 수치가 올라가면 IgA(immunoglobulin : A, 면역 글로불린의 일종. 림프구에 의해 형성된 매우 다양한 당 단백질로 항원의 존재시 혈액이나 다른 분비 조직에서 항체로 분비됨. 체액 내에서 면역 글로불린 G, M, A, D, E의 5가지 형태로 존재하며 항원과 결합하여 항원을 불활성화시키거나 면역을 형성하는 성질을 가진 일종의 단백질로서 때로 항체라 불리기도 함)의 생산이 줄어들어 면역계가 타격을 받는다."

박순애 인간의 사회적 상황은 변했지만, 원시인의 유전적인 요소 코르티솔은 변함없이 현대인에게까지 이어져 오고 있군요. K 군이 제안을 받아들이면 사회적으로 문제가 생기고, K 군이 그대로 있으면 자기 몸을 망칠 판이니, 받아들일 것인가 말 것인가. 변증법적인 제3의 창의적 발상이 필요하겠군요. 창작을 하든, 권투를 하든, 마라톤을 하든 발산할 방법이 필요할 듯.

김보일 제가 택한 방법은 뿔다구 났을 때 혼자 조용한 곳에 가서 팔굽혀펴기 하기랑 마라톤 뛰기입니다. 이 근육을 어디에 가서 소모할까. 하하.

강철 코르티솔이 스트레스 관련 호르몬인 거는 맞습니다. 그러나 원시인들에게도 이런 호르몬이 있었을지는 의문이네요. 진화론으로 보면 처음에 이런 거 없었다가 점진적으로 생겨나야 하니까요. 이런 것을 분자 생물학적으로 규명이 가능한지 의문이 있습니다.

김보일 원시인들에게도 이런 호르몬이 있었을지는 의문이네요. → 영장류의 역사에서 인류의 역사란 순식간이라는 사실을 생각해 보세요. 원시인들에게 코도 있었고 혈액도 있었습니다. 그렇게 서서히 생긴 건 아니란 말씀입니다.

몸의 구조보다는 적응 능력이 우선

파브르가 관찰한 바구미는 주둥이의 생김새와 상관없이 똑같은 집을 지었다. "바구미의 긴 주둥이가 코끼리 코처럼 대롱 모양이든 집게 모양이든 네 종류의 바구미는 모두 새끼들의 식량 창고이자 집으로 쓰일 작은 두루마리 집을 완성한다. 다리가 긴 놈, 아니면 짧아서 종종거리는 놈, 혹은 날씬한 놈, 아니면 통통한 놈, 혹은 구멍을 뚫는 놈, 아니면 가위처럼 자르는 놈이든, 바구미들의 생김새는 완성된 집 모양에 영향을 미치지 않는다."

이런 관찰 결과에 대한 파브르의 해석은 이렇다. "그것은 곤충의 본능이 몸의 생체 기관에서 기인하지 않고 다른 곳에서 기인한다는 점이다. 본능은 우리가 생각하는 것보다 훨씬 더 오래된 고차원의 기원으로 거슬러 올라간다. 그것은 생명의 태초 법전에 씌어 있는 셈이다."

곤충의 보금자리를 결정하는 것은 구조나 생김새가 아니라 그것보다 더 오래된 것, 즉 어떤 본성이라는 말이다. 이와 관련해서는 『기술의 충격』(케빈 켈리 지음, 이한음 옮김, 민음사, 2011)을 읽다가 발견한, 고생물학자 굴드의 '굴절 적응'이란 개념이 재밌다.

처음에는 어떤 목적에 적응된 것이지만 나중에는 변화된 다른 목적에 유용하게 된 형질을 굴절 적응이라고 한다. 새 깃털은 원래 체온 조절의 기능을 위해서 진화한 것으로 확인되고 있다. 그런데 나중에(충분한 진화적 시간이 흐른 후에) 날기 위한 것으로 기능이 바뀐 것이다. 굴드와 브르바는 이를 '굴절 적응'이라고 불렀다. 다시 말해서 새 깃털은 체온 조절에 '적응'된 것이고, 한편 비행 능력으로 '굴절 적응'된 것이다.

구조는 특정 기능을 담당하기 위해 진화하지만, 하나의 구조에 하나의 기능이 기계적으로 일대일 대응이 되는 것은 아니라는 사실, 유연성, 바꿀 수 있는 능력, 이것이 기계와 인간의 다른 점이다. 말따라하기 게임을 컴퓨터와 하면 천년 만 년 게임은 끝나지 않는다. 끝내려면 재 프로그래밍을 할 수밖에 없다. 그러나 인간은 재 프로그래밍 없이도 말따라하기 게임을 적당한 수준에서 끝낸다. 상황과 눈치를 보고, 규칙을 바꿀 수 있는 능력, 기계에게는 충성심은 있어도 이런 융통성은 전무하다.

"깨끗한 건 타고나는 거야"

깔끔 떠는 고양이

고양이는 자신의 배설물을 흙이나 모래로 덮는다. 이를 두고 고양이가 청결 관념이 있다고 생각하면 오산이다. 고양이는 배변 뒤에 모래를 발로 차면 즐거움을 주는 신경 화학 물질이 분비된다. 언제부턴가 이 유전적 변이를 가진 고양이는 병에 걸리지 않고 자손에게도 병을 물려주지 않았을 것이다. 그래서 빠르게 이런 변이가 유전체로 퍼져 나갔을 것이라고 『호모 무지쿠스』의 저자 대니얼 J. 레비틴은 말한다. 쾌감 추구 본능, 고통 회피 본능, 음식 앞에서 침 흘리기 본능 등등, 우리가 본능이라고 말하는 것도 사실은 자연선택의 결과물에 지나지 않는다는 이야기다.

오스트레일리아에서
대형 포유동물이 사라진 까닭은?

 유럽에는 곰이 있고, 아프리카에는 사자, 하마, 코끼리가 있고, 북미 대륙에도 치타나 표범과 같은 대형 포유류가 있는데 유독 오스트레일리아 대륙에만은 대형 포유류가 없다. 기껏해야 캥거루만이 예외다. 『총, 균, 쇠』(김진준 옮김, 문학사상, 2005)의 저자, 제레드 다이아몬드는 대형 포유류 살상의 범인으로 인간을 지목한다. 책이 소개하는 내용을 압축해 보자.

 오스트레일리아 뉴기니에도 예전에는 소 정도 크기에 코뿔소를 닮은 유대류有袋類와 표범 등 다양한 포유류가 존재했다고 한다. 오스트레일리아의 뉴기니에 동물의 뼈가 묻힌 곳을 조사해 보면 수십만 년에 걸쳐 축적된 대형 포유동물의 뼈가 묻힌 곳은 있지만 지난 3만 5,000년 기간 내에 멸종된 동물의 흔적은 전혀 발견되지 않는다고 한다. 그러므로 거대 포유동물들의 멸종은 인간이 오스트레일리아에 살기 시작한 시점과 때를 같이한다고 볼 수 있다.

대체 수많은 대형 포유류들이 거의 동시에 사라진 이유는 뭘까. 제레드 다이아몬드는 오스트레일리아의 대형 포유류들이 인간 사냥꾼이 없는 곳에서 수백만 년 동안 진화했다는 사실을 지적한다. 아프리카나 유라시아의 대형 포유류들은 인류와 더불어 수백만 년 동안 함께 진화했기 때문에 인간에 대한 공포심을 진화시킬 시간이 넉넉했지만, 인간 사냥꾼이 없는 곳에서 진화한, 겁없는 오스트레일리아의 포유류들은 인간이 나타났을 때, 눈만 멀뚱멀뚱하게 뜨고 있다가 전멸했을 것이라는 시나리오다.

날카로운 이빨도 없고, 힘도 변변치 않지만 인간이란 동물은 결코 가볍게 볼 상대가 아니라는 것을 아프리카와 유라시아 대륙의 대형 포유동물들은 알고 있었지만 오스트레일리아 대륙의 대형 포유동물들은 가볍게 봤을 것이라는 이야기다. 그 결과는 대량 멸종이었다. 겁(공포)을 알고 모르고의 차이가 이렇게 크다.

그런데 왜 대형 포유동물 중에 캥거루만은 멸종하지 않았을까? 캥거루는 선천적으로 소심한 성격은 아니었을까? 낯선 동물들만 봐도 간이 콩알만 해지는 소심한 존재가 캥거루였을지도 모른다. 동물학자들이 답해 줄 문제겠다. 어쨌든 보호 메커니즘이라고 할 수 있는 겁(공포)을 상실한다는 것은 매우 위험한 일이다. 살아서 용감했던 자들이 가장 많이 모여 있는 곳이 공동묘지임을 상기해 보자.

2부
동물, 유혹하는 존재

"사육장에서 키우는 새들 가운데
노래를 가장 잘하는 새(수컷)가 일반적으로
가장 먼저 짝을 얻습니다."

― 다윈

성性에 있어서 여성이 남성보다 까다로울 수밖에 없는 이유

여러 특화된 기술자가 모여 한 팀을 이루어 은행을 터는 할리우드 영화를 보면 대부분 두목은 투자를 많이 하는 사람이거나 팀 내에서의 성공 기여도가 가장 높은 사람이다. 성공에 대한 기여도가 높으면 범죄가 성공했을 때 배당되는 몫도 크고, 범죄를 모의할 때 발언권도 강화된다. 짝짓기 게임에서도 마찬가지다. 투자를 많이 하는 쪽이 목소리가 커지고 선택권도 커진다.

자연계에서 짝짓기를 하느냐 마느냐 하는 선택권은 남성에게 있을까, 아니면 여성에게 있을까? 답은 여성이다. 왜? 로버트 트리버스Trivers는 성 선택은 부모가 자식을 기르는 데 투자하는 노력의 양이 다르기 때문에 생긴다고 주장한다. 할리우드 범죄 영화에서 범행에 투자를 많이 하는 쪽이 발언권이 높아지는 것과 비슷한 이치다. 짝짓기에서 투자를 많이 하는 쪽은 암컷이다. 그러니 짝짓기 게임에서 암컷이 교섭권을 쥘 수밖에 없다. 수컷은 교미를 하룻밤의 행위라고 생각할지 모르지만, 암컷은 정자에 비해 훨씬 비용이 드는 난자를 생산해야 하고, 아홉 달 동안 지구의 중심 방향으로 자꾸 처지는 무거운 배를 관리해야 하고, 자신의 뼈에서 엄청난 칼슘을 새 생명에게 제공해야 한다. 반면 수컷의 정자는 생산 비용도 저렴하고, 짝짓기의 결과 생겨난 새 생명을 양육하는 데도 큰 비용을 들이지 않는다.

암컷은 짝짓기 상대를 늘린다고 해서 번식의 성공도를 높일 수 있는 것이 아니다. 암컷이 번식 성공도를 높이는 길은 좋은 짝을 찾는 데 있다. 하지만 수컷의 번식 성공도는 짝짓기 상대를 늘리는 데 있다. 운만 좋으면 수십 명의 자녀를 둘 수도 있고, 재력만 뒷받침 되면 자녀들로 축구팀 두셋을 만들 수도 있다. 수컷들의 시선이 자꾸 밖으로 향하는 데도 다 이유가 있다. 그렇다고 그들의 바람기가 법적으로, 문화적으로 모두 용서되는 것은 아니지만 말이다. 자연적 사실과 도덕적 요청 사이에는 거리가 있는 법이다.

단 한 번의 짝짓기에 많은 비용을 걸어야 하는 암컷으로서는 아무래도 짝짓기에 신중할 수밖에 없다. 2세에게 훌륭한 유전적 자질을 물려주기 위해서는 암컷들은 수컷들의 미래 자원 획득 능력과 상관이 있는 지표들을 면밀히 살핀다. 근육은 튼튼한가, 학력은 괜찮은가, 인물과 몸의 대칭성은 봐 줄 만한가, 의상은 싸구려가 아닌가, 유머 감각은 탁월한가, 친구들 앞에 내놔도 손색이 없는가, 노랫소리는 근사한가, 시시콜콜 따진다. 수컷들도 암컷의 선택을 받기 위해 이런 지표들을 향상시키려고 나름대로 열심히 노력한다. 도서관에서 밤도 새우고, 헬스클럽도 다니고, 남들을 웃겨 보려고 노력도 하고, 인터넷 사이트를 돌아다니며 저렴한 가격에 간지 나는 의상을 구입하기 위해 골머리를 앓는다. 이럴 때 어떤 수컷들은 심사가 뒤틀린다. 그들은 이렇게 말한다. "사랑은 계산이 아니야. 사랑하는 데 뭘 따져?" 그러나 착각하지 마시라. 수컷들이여, 당신에게는 하룻밤일지 모르지만, 암컷에게는 아홉 달이고, 그 이후에도 지긋지긋한 양육의 책임을 뒤집어써야 한다. 수컷은 이상주의자고, 암컷은 현실주의자다. 적어도 성性에 있어서만큼은 암컷들이 수컷들보다 까다롭게 굴도록 설계되었다. 남자는 그녀에게 자신이 첫 남자이기를 바라고 여자는 그에게 자신이 마지막 여자이기를 바란다는 말은 생물학적으로도 타당하다.

"사랑하는 데 뭘 따지냐고?"

유경환 물론 인간과 인간을 제외한 동물과는 구별하여서 이야기해야겠다. 인간은 '피임'이라는 신무기로 무장을 했으니까 돌발적 상황만 피하면 되겠다. 보일 샘이 이야기한 조건들은 적어도 인간들에 있어서 '결혼'의 조건은 될 수 있을지언정 '사랑'의 조건이 되긴 어려울 것이다. 정말 사랑이란 아무런 이유 없이, 조건 없이, 묻지도 않고 따지지도 않는 이순재식 방법으로 찾아오는 것이기 때문이다. 인간과 짐승을 구별하는 조건들이 여러 가지가 있지만 나는 단연코 '사랑'을 할 줄 아는 동물을 '인간'이라고 부르고 싶다.

김보일 모든 인간이 배가 고프다고 허겁지겁 음식물을 취하는 것은 아니다. 아마도 스스로 음식물을 거부하는 단식을 감행하는 존재는 인간이 유일할 것이다. 인간이 거룩한 지점이 바로 그곳이 아닐까. 인간이 절망스러운 것은 동물보다 못할 때가 많다는 것인데, 어떤 인간은 우리의 상상을 초월해 선하고 아름답다. 사람이 꽃보다 아름다운 지점도 바로 그곳이 아닐까. 인간이 동물의 특성과 성향을 지니고 있다고 해서 곧바로 동물이 되는 것은 아니다. 분명히 어떤 인간들은 동물이 흉내 낼 수 없는 '거룩한' 지점에 있다……

조홍휴 다들 아는 낡은 개그일 텐데…… 김형곤이 했는데…… 아이가 묻길 나는 아빠 애야 엄마 애야? 이놈아 자판기에 동전 넣고 커피가 나오면 자판기 거니 내 거니? 이쯤에서 애매하지만 규정을 해야 하는 질문. 아이는 책임 대상일까 권리의 대상일까.

유경환 아이는 책임이나 권리의 대상이 아니고 '사랑의 대상'이지. 자네 집 아이들 훌륭히 키워 내는 것 장하고 부럽지만 우리 집 이랑은 분위기가 사뭇 다르다고 할 수 있겠네. 사랑의 표현이 서로 다를 뿐이겠지. 암튼 옛말에 제 먹을 것은 제가 가지고 난다는 말도 있는데 아이는 단지 사랑의 대상이어야 한다고 주장하고 싶은 것이지.

김보일 5만 년 전 수컷들은 자식에 대한 소유권을 주장할 방법이 없었다. 수컷이 저 갓 난 녀석이 나를 닮았다는 이유만으로 새끼에 대한 소유권을 주장할 수는 없었다. 그러나 암컷은 누가 봐도 내 배 아파 난 자식이다. 게다가 탯줄까지 소유하고 있다. 엄연히 자식은 암컷 소유였다. DNA분석으로 친자를 확인할 수 없었던 때에 새끼들은 분명 암컷의 소유였다는 것. 가부장제로 권력을 잡은 자들이 새끼의 소유권을 주장했지만 장구한 세월 동안 새끼는 엄연히 암컷의 것이었다. 하늘이 비를 내렸다는 이유만으로 땅의 수확물에 대한 권리를 요구하는 것은 폭력.

유은주 사람이 원체 상호의존적인 존재인지라…… 자유주의자의 '독립적인 개인', '소유의 개념'이 허구적이라는 생각이 드네요. 우리는 너무나 긴 시간 돌봄이 필요한 아이였고, 돌봄이 필요한 늙은 사람으로 존재하는 시간 역시 길어만 가는데요.

김보일 인간의 양육 기간이 긴 것은 큰 두뇌 때문이라네요. 그 두뇌 속에 집어 넣을 문화적 정보가 많기 땜에 다른 동물들보다 긴 양육 기간이 필요하다네요……. 두뇌가 저줍니다. 농담이 아니고요. 자식들의 두뇌에 고등학교까지는 의무적으로 채워 주는 게 부모의 도리고, 대학 때까지도 책임져 주는 게 인정상 도리지만, 그 이상을 채워 주려고 하는 것은 자식에 대한 시혜가 아니라 시해일지도 모르겠다는 생각도 듭니다. 대개 가진 사람들이 자신의 소유권을 확실히 할 목적으로, 즉 법적인 자손에게 확실히 계승할 목적으로 그런 방법을 사용하더군요.

유은주 관념과 현실의 거리를 좁히는 것이 쉽지는 않은 듯…… 자녀 양육에 대해선 명쾌했던 생각도 부양의 문제에 와서는 더 많이 헷갈리는 것 같아요. self-care 안 되는 노년의 나에 대해 생각이 미칠 때면…… 어설픈 자유주의자는 자식도 놓치고, 사회 부양 시스템 만드는 것도 꺼리다 보니, 그저 제 지갑만 믿으면서 강퍅하게 늙어갈 겁니다. 꿩도 놓치고 매도 놓치고…… ㅋㅋ

태초에 유혹이 있었다

태초에 말씀이 있었다? 뭐 그럴지도 모르겠지만 세상은 유혹의 신호로 충만하다. 형형색색의 색깔, 향기로운 냄새, 나긋나긋한 자태, 자지러지는 소리, 시큼달큼한 맛…… 어느 것 하나 유혹을 염두에 두고 설계되지 않은 것이 없다. 자연이 사심이 없다고? 천만에! 아름다움을 위한 아름다움? 자연은 순수주의자가 아니다. 본질적으로 순수한 지출이란 없다. 모든 설계 비용은 유혹이란 전략적 목적을 달성하는 데 지출된다.

눈이 없고, 귀가 없고, 살갗이 없고, 입과 코가 없는 바람에 꽃가루를 날려 보내는 풍매화風媒花의 꽃은 형편없이 초라하다. 아름다움을 위해 투자할 여력이 없기 때문이다. 바람이라는 불확실한 매개자에게 자신의 미래를 맡긴 풍매화는 아름다움에 투자할 에너지를 꽃가루의 양적 확대에 쏟아붓는다. 수억 개의 꽃가루를 만들어 내야 그중의 하나라도 상대방의 생식기에 안착시킬 수 있을 테니까 말이다. 바람은 매우 불확실한 매개자임을 명심하라.

그러나 곤충에 의한 꽃가루의 매개는 어느 모로 보나 확실하다. 등기우편처럼 꿀벌은 정확하게 '나'의 꽃가루를 '너'의 생식기로 옮겨다 준다. 배달 사고도 일절 없다. 곤충에 의한 꽃가루의 매개, 이는 엄청난 번식적 이득이 아닐 수 없다. 나라의 흥망이 유혹에 달렸다. 이쯤 되면 '곤충을 유혹하라'가 꽃의 국시國是가 될 수밖에 없다. 화장을 하고, 몸매를 가꾸고, 향수를 뿌리고 곤충을 유혹하기 위한 꽃의 안달이 여기서 시작된다.

벌난초는 수컷 호박벌을 불러들이기 위해서 암컷 호박벌의 모양과 유사한 꽃을 만들어내는 사기극을 연출한다. 벌난초는 암컷의 냄새와 감촉까지도 위장한다.

몸은 자신을 위해 설계된 것이기도 하지만, 한편으론 너를 위해 설계된 것이기도 하다. 나의 향기, 나의 감촉, 나의 자태와 색깔, 이것은 너를 부르기 위한 것이다. 이런 사정을 감안한다면 '태초에 유혹이 있었다'는 주장도 크게 틀리지 않은 말이겠다. 붉은 사과의 달콤함, 이는 모든 움직이는 미물들의 입을 위해 설계된 것이지, 과일 가게 주인의 주머니를 위해 설계된 것이 아니란 말이다. 오호, 세상의 모든 색깔과 향기여!

해마의 짝짓기 결정권은
누가 가질까

로버트 트리버스Trivers의 성 선택 이론에 의하면 짝짓기에서 투자를 많이 하는 쪽이 교섭권과 결정권을 쥔다. 대부분의 종에서는 임신, 육아 등 암컷의 투자 비율이 수컷보다 높기 때문에 짝을 고르는 선택권이 암컷에게 있다. 그렇다면 수컷이 비정상적으로 높은 정도의 양육 투자를 하는 해마 같은 종에서는 어떨까.

해마 중 몇몇 종은 암컷의 난자를 받은 수컷이 알들이 깨어날 때까지 주머니 속에 품고 다닌다. 암컷은 수컷에게 알을 떠넘긴 후 모든 책임을 수컷에게 지운다. 마치 수컷 포유동물이 정자를 암컷에게 주고 나 몰라라 하는 식이다. 해마에 있어서는 암컷으로부터 알을 받아 지극한 정성으로 보살피는 수컷의 에너지가 암컷에 비해 막대하다. 이렇게 투자 비용이 높다 보니 해마의 성 선택권은 다른 포유동물들과 달리 수컷에게 있다.

포유동물들에게 있어서 암컷에게 선택받기 위해 수컷들이 화려한 무늬를 갖지만 해마는 이와 반대다. 해마의 암컷이 더 밝은 색을 띠고, 구애 의식에도 적극적이다. 다시 말해 짝짓기에서 투자 비용이 적게 드는 쪽이 구애에 적극적이고, 투자 비용이 많이 드는 쪽이 결정권을 쥔다는 사실이다. 화장을 곱게 하고 울긋불긋 색동옷을 입은 사자가 있다면 녀석은 수컷이지만, 섹시한 옷에 매력적인 자태를 뽐내는 해마가 있다면 녀석은 필히 암컷이다.

"우리는 수컷들이 새끼를 낳고 기르지."

욕망의 삼각형 이론과 초파리

마크 트웨인의 『톰 소여의 모험』의 한 대목을 요약해 보자.

톰 소여는 울타리에 페인트를 칠하는 벌을 받는다. 톰 소여는 페인트칠이 싫었지만 일부러 무척 신나고 쾌활하게 작업한다. 그러자 이를 본 친구가 '나도 페인트칠을 해 보고 싶다'고 말한다. 톰 소여는 마지못한 척 친구가 가지고 있는 장난감을 받고 페인트칠을 친구에게 넘긴다. 톰 소여는 하기 싫은 페인트칠을 넘겼을 뿐만 아니라 장난감까지 얻었다. 톰 소여의 친구 또한 평소 해보지 못한 페인트칠을 할 수 있어 즐거웠다.

바로 여기서 톰 소여의 친구는 애초에 페인트를 칠하고 싶은 욕망이 없었다. 친구의 욕망이 촉발된 것은 톰 소여의 욕망 때문이다. 타자(톰 소여)가 추구하는 욕망을 나도 추구해 보고 싶다는 일종의 모방된 욕망이 톰 소여의 붓을 넘겨받게 만든 것이다. 바

로 이 일화가 보여주는 것이 '어떤 대상에 대한 나의 욕망이 같은 대상에 대한 타자의 욕망에 의해서 결정된다'는 프랑스의 문예학자 르네 지라르의 욕망의 삼각형 이론이다. 이른바 한창 잘나가는 '스타 마케팅'이란 것도 따지고 보면 타자(스타)의 욕망을 욕망하라는, 욕망의 모방 이론의 지령에 따른 것이라 하겠다

디자인이 별거 아니라고 생각해서 구매를 미뤘던 상품을 '잘나가는 친구'들이 사용하고 있는 모습을 보면 구매를 하지 않았던 것을 후회하는 일도 있다. 이미 헤어진 옛 여자가 다른 남자를 만나고 있는 모습을 보며 다시 옛 여자를 욕망한다는 이야기는 그다지 참신하지 않은, 어디선가 읽었던 것만 같은 소설의 진부한 소재다. 어떻든 르네 지라르에 따르면 욕망의 발원지는 내가 아니라 타인이다. 타인의 욕망이 내 욕망을 부추기는 셈이다. 좋게 말하면 욕망의 전염이고, 나쁘게 말하면 부화뇌동이다. 그런데 이런 욕망의 전염은 미물인 곤충에게서도 찾아볼 수 있다.

영국 리버풀대 연구팀은 초파리가 짝짓기를 할 때 다른 수컷에게 느끼는 경쟁심이 짝짓기 시간을 늘린다는 연구 결과를 발표했다. 연구팀은 초파리 암컷이 단 한 마리의 수컷하고만 짝짓기를 하는 종을 관찰했다. 그 결과 수컷이 다른 수컷을 만난 뒤에 암컷과 짝짓기를 할 경우 짝짓기 행위에 교접 시간은 93퍼센트 증가했다. 한 번 짝짓기를 한 암컷은 다른 수컷과 짝짓기하지 않는다. 그러므로 교접 늘리기 전략은 불필요하다. 그런데 대체 왜 이런 일이 일어났을까? 다음은 연구팀이 마련한 두 가지 가설이다.

하나는 암컷이 종종 둘 이상의 수컷과 짝짓기를 하며, 수컷은 이 가능성에 대비해 짝짓기 행위 시간을 늘린다는 것이고, 다른 하나는 경쟁자가 존재하고 있어서 자신이 짝짓기 상대를 구하지 못할 수 있다는 두려움 때문에 현재의 파트너에 집중하게 된다는 이유다.

연구팀을 이끈 리버풀대학 통합 생물학 연구소의 앤리제 박사는 "우리가 관찰한 초파리의 행동은 인간 남성이 여성을 둘러싼 경쟁에서 느끼는 강박심과 비슷하게 진화해 왔을 수 있다"고 설명했다. 경쟁자의 욕망을 모방하는 초파리의 욕망이 어떻게 인간의 욕망으로까지 면면히 이어져 왔을까. 초파리에서 인간까지, 그 유구한 욕망의 역사에 기가 찰 뿐이다.

새들이 새벽에 우는 이유

전설적 락커인 퀸의 프레디 머큐리나 블랙 사바스의 오지 오스본의 고음 처리는 실로 절묘하다. 조금만 잘못해도 소위 '삑사리'가 날 텐데, 아슬아슬하지만 무던하게 고음을 처리해 낸다. 1990년대 초반, '들국화' 시절, 팔팔할 때의 전인권도 〈행진〉이나 〈그것만이 내 세상〉을 특유의 거친 음성으로 잘 소화해 냈다. 아쉽긴 하지만 지금의 전인권은 파워에 있어서만큼은 그때의 전인권을 능가하지 못한다. 임재범도 마찬가지고, 신중현도 마찬가지다. 락은 젊음의 장르라는 이야기다. 기교도 기교지만 락의 생명은 파워에 있다.

기교 없이 힘으로 쭉쭉 밀고 나가는 '샤우팅'이 좋아 보여 노래방에 가는 기회가 닿을 때마다 전인권의 노래를 불러댄 기억이 새롭다. 동료들이 무리라고 말리긴 했지만 그래도 듣기에 그다지 거북하지 않았던 것은 노래를 소화해 낼 만한 체력과 기력이 있었던 때문이리라. 그랬던 것이 이제 지금 다시 그 노래를 부르려면 여간 버거운 것이 아니다. 노래방에 가서 한두 시간 놀다 보면 노래가 고에너지 방출 행위 중의 하나임을 알 수 있다. 쉽게 말해 노래도 힘이 있어야 불러 댈 수 있다는 이야기다.

브리짓 스터치버리의 책, 『암컷은 언제나 옳다』(정해영 옮김, 이순, 2011)는 새들이 새벽에 우는 이유를 알려준다. 이유인즉슨 노래가 고에너지 방출 행위 중의 하나이기 때문이라는 것이다.

공복의 시간, 새벽은 스태미나와 에너지가 완전 고갈되는 시간이다. 시련은 또 하나의 기회다. 이 곤궁과 궁핍의 시간이야말로 자신의 파워를 입증할 수 있는 절호의 찬스. 새의 노래는 비축된 에너지를 입증할 수 있는 시금석이므로, 새들은 새벽에 노래를 불러 자신의 힘과 역량을 과시한다.

책에 의하면 기생충에게 노출된 경험도 수컷의 뇌와 노래에 흔적을 남긴단다. 그러니까 암컷의 입장에서 볼 때, 파워풀한 목소리와 정교한 구조를 가진 노래를 구사하는 녀석이야말로 자신의 미래와 자식의 미래를 맡길 우수한 수컷이라는 것이다. 물론 새의 세계에서 말이다.

마약 복용과 무절제한 생활로 27세라는 아까운 나이에 요절한 천재 기타 연주가 지미 헨드릭스는 적어도 수백 명의 상대와 잠자리를 같이했고, 세상에 알려진 자식만 해도 세 명이 있지만 실제로는 그보다 훨씬 많을 것이라고 하니, 노래 역량과 번식적 이득 사이의 함수 관계는 반드시 새에게만 국한된 것은 아닌 것 같기도 하다. 락커들은 수많은 오빠 부대들을 동원하지 않던가. 그리고 오빠 부대의 구성원들은 오빠가 아니라 방년의 소녀들이라는 사실.

> **김보일** 우러라 새여, 우러라 새여, 널라와 시름한 나도, 자고 니러 우니노라 → 새는 시름 때문에 우는 것이 아니다. 새의 울음은 자신의 미래를 건 총력투쟁.
>
> **유경하** 그래서 보일 샘은 스스로 우지는 못하고 '물새 우는 강 언덕'만 처량히 읊고 있고녀~

왜 여성들은 액션 스타를 좋아할까

영화를 보고 식사하고 쇼핑하고, 연애가 일종의 소비가 되어 버린 시대, 짠돌이가 왕소금이었던 그가 지갑을 열기 시작했다면 그에게 새로운 애인이 나타났을 가능성이 농후하다. 미래의 아내가 될 당신에게 이 정도의 소비야 아무것도 아니라는 것을 과시하기 위해 남성들은 기꺼이 지갑을 연다. 물론 김영하의 소설, 『퀴즈쇼』에 나오는 주인공 같은 비정규직 20대에게 과시적인 소비는 먼 나라의 일이긴 하지만 말이다. 한 달 벌어서 비싼 밥 한 끼 먹을 수는 없는 일이 아닌가?

이스라엘의 진화생물학자 자하비는 명품 사기를 주저하지 않는 과소비를 '핸디캡 이론'으로 설명한다. 자하비의 이론에 따르면 생산 비용이 많이 드는 신호일수록 믿을 만한 신호다. 왜? 돈 없고 '빽' 없고, 힘없는 사람은 결코 그런 신호를 만들어 낼 수 없기 때문이다. 수컷 공작이 치렁치렁한 꼬리를 달

2부 동물, 유혹하는 존재 :: 113

고 다니는 이유는 암컷에게 '나는 이런 값비싼 깃털을 만들어 낼 만큼 능력 있다'라는 사실을 광고하기 위한 것이다. 그러나 그 꼬리는 생존에 도움이 되지 않는 일종의 핸디캡이다. 그러나 생존에는 도움이 되지 않아도 번식에는 도움이 된다. 그 거추장스러운 공작의 꼬리는 '나 핸디캡에도 불구하고 잘 살아 있거든'이라고 신호를 보내는 일종의 광고판이기 때문이다.

주먹을 잘 쓰는 것도 따지고 보면 생존에 그리 도움이 되지 않는다. 곽경택의 영화를 보면 이런 사정을 어렵지 않게 알 수 있다. 주먹 센 놈이 싸움판에서 칼을 맞기 십상이니까 말이다. 물론 주먹 센 놈이 보스 자리에 올라 뭇 여성들의 인기를 한몸에 안을 수도 있다. 그러나 보스 자리처럼 칼 맞기 쉬운 자리는 없으니 주먹 센 놈이 단명할 확률은 여전히 높다. 그러나 폭력 어쩌고 저쩌고 하면서도 액션 스타에 여성들은 여전히 호감을 나타낸다. '나 능력 있어, 한 방이 있다구' 하는 남성들이 보내오는 값비싼 신호에 여성들의 무의식적 수신 시스템이 속수무책으로 반응하기 때문은 아닐지.

그러나 만다 쿠니토시의 영화 〈언러브드〉에서 여자 주인공 카게야마 미츠코는 값비싼 신호를 보내오는 유능한 벤처 사업가인 가츠노에게 빠져들지만 정작 찌질남에 루저인 시모카와에게 자신의 마음을 연다. 값비싼 신호 이론이 먹혀들지 않는 대목이다.

공작이야 인문학적 교양을 과시할 수도 없고, 엄청난 기부를 감행하여 자신의 후덕함과 너그러움과 인류애를 과시할 수 없다. 공작이 만들어 낼 수 있는 신호는 기껏해야 화려한 꼬리를 만드는 것이겠지만 인간은 갖은 방법으로 자신의 능력을 과시할 수 있다. 기타를 잘 쳐도 좋고, 소설을 잘 써도 좋고, 그림을 잘 그릴 수도 있고, 유머를 잘 구사할 수도 있다. 좋은 신호는 얼마든지 고안해 낼 수 있다. 88만 원 세대라고 해서 괜찮은 신호를 만들지 못하라는 법은 없다는 이야기. 힘이 들더라도 어쩌겠나.

"이 정도쯤이야. 난 전혀 거추장스럽지 않다구!"

타자를 염두에 두고 설계된 몸

몸은 타자를 염두에 두고 설계되었다. 벌난초는 수컷 호박벌을 불러들이기 위해서 암컷 호박벌의 모양과 유사한 꽃을 만들어 내는 사기극을 연출한다. 벌난초는 암컷의 냄새와 감촉까지도 위장한다. 벌난초의 이런 사기극을 위교미僞交尾 전략이라 한다. "딱 걸렸어. 약 오르지롱." 생존과 번식을 위해서 자연은 귀엽게도 별별 짓을 다 한다.

고슴도치의 피부에 꼿꼿하게 발기해 있는 바늘 역시 천적이라는 타자를 염두에 두고 설계되었음을 말해 준다.

그렇다면 사람은?

결합을 염두에 두고 설계되지 않았다면 성기의 볼록함과 오목함은 설명되지 않는다. 빗물을 염두에 둔 지붕의 경사처럼 무릇 구조는 타자가 개입한 결과다. 여기에 하나의 가설을 보태 보자. 접촉을 염두에 두지 않았다면 피부는 그렇게 부드럽고, 그렇게 따스하지 않을 수도 있었겠다. 타인을 염두에 두고 설계된 나의 피부는 접촉에 의해서 비로소 완성된다. 자연의 설계도를 그렸을 감독관은 하나의 살이 또 다른 살에 포개지는 포옹을 바라보며 비로소 흐뭇하다.

"널 위해 준비해 뒀어"

커다란 음경

진화심리학적 측면에서 남녀의 구애 행위를 다룬 제프리 밀러의 『연애』(김명주 옮김, 동녘사이언스, 2009)의 한 구절!

> 남성의 큰 음경은 진화에서 여성 선택의 산물이다.(커다란 음경은 남성 스스로가 원해서 만들어진 것이 아니라, 여성이라는 타자의 요구에 의해서 만들어진 것이라는 이야기다.) 그렇지 않다면 남성들이 그렇게 크고, 축 늘어지고, 혈액에 굶주린 기관을 진화시켰을 리가 없다. 우리 할머니 조상들은 그러한 음경을 좋아했고, 남성들로 하여금 그러한 음경을 진화시키게 만들었다.

커다란 음경은 타자를 위해 설계되었다. 더 정확히는 여성들의 쾌락을 위해 설계되었다. 밀러의 표현을 빌리자면 그것은 '단지 누군가의 몸 안으로 들어가기 위한 신체기관이 아니라 타인의 쾌락 시스템 안에 도달하도록 고안된 심리적 기관'으로 보아야 한다는 것이다. 그런 사실을 아는지 모르는지 수컷 마초들은 덜렁거리는 물건으로 제 권력을 과시한다.

밀러의 언어는 정확하다. "음경은 더 많은 자극을 전달하기 위해 진화했고, 음핵은 점점 더 많은 것을 요구하도록 진화했다는 얘기다." 결론은 이 정도 되겠다. 남자의 몸은 여성의 선택을 애걸하는 쪽으로 진화되었다는 것!

몸에 있어서만큼은 여자의 몸이 남자의 몸보다 자율적이다. 원칙적으로 타자가 원하는 것을 주도록 설계된 것이 남자의 몸이다. 그러나 이 원칙은 있으나마나한 원칙이 되어 버렸다. 더 이상 선택의 헤게모니가 여성에게 있지 않기 때문이다. 유인원 시절과는 비교할 수 없을 정도로 판이한 세상이다. 그러나 남자의 몸은 설계 당시의 구조를 관습적으로 유지하고 있다.

"원칙적으로 타자가 원하는 것을 주도록 설계된 것이 남자의 몸이다"라는 명제도 젖가슴에 와서는 그 타당성이 문제가 될 수 있다. 크고 탱탱한 젖가슴은 젊음과 균형 잡힌 발달, 유아의 생존에 필요한 식량의 양을 보여준다는 점에서 남자라는 타자를 위해 설계되었으니까 말이다. 음경은 여성이 선택하지만 젖가슴은 남성이 선택한다. 우리의 몸은 나와 타자의 무수한 간섭과 요구가 부딪히는 협상의 테이블이다.

먹이를 화장품으로도 쓰는 물고기

 카르티노이드 색소는 붉은색과 노란색 위주의 식물에 많이 포함됐다. 물고기들은 이 색소가 있는 식물을 먹어야 한다. 왜? 그것들은 먹이이면서 동시에 화장품이기 때문이다. 이 색소를 먹어 줘야 암컷이 원하는 알록달록한 색상을 피부에 그려 낼 수 있기 때문이다. 그러니까 결국 혼인색을 띠는 어떤 물고기의 먹이는 암컷이 결정하는 셈이다. 암컷이 취향을 바꾸면 수컷도 먹이를 달리하는 수밖에 없다. 만약에 모든 암컷들이 돈을 혐오하기 시작하면 세상에는 배금주의자排金主義者의 수컷들로 차고 넘칠 것이다. '성공적인 배금주의자가 되는 법'이란 제목의 책이 베스트셀러 목록에 낄지도 모른다. 세상을 조종하는 것은 어쩜 저 변덕쟁이 암컷일지도 모르겠다. 수컷이 바뀌려면 암컷이 바뀌어야 한다.

"내 몸의 색을 결정하는 것은 암컷의 취향!"

세상에서 가장 고약한 새, 새틴바우어버드

KBS-1TV 특집 다큐멘터리 3부작 〈동물의 건축술〉을 보다 보니 참으로 요상한 새가 등장한다.

이름은 새틴바우어버드다. 우리말로 해석하면 '비단으로 정자亭子, bower를 짓는 새' 정도 되겠다. 새틴바우어버드 수컷은 나뭇가지와 잎과 열매를 동원해 형형색색의 집을 짓는다. 정원의 대문은 특유의 조형 감각을 발휘해 대칭으로 만든다. 과일의 열매와 꽃으로 자신의 정원을 장식하고, 장식거리가 될 성싶다 하면 무지갯빛 풍뎅이 날개, 아름다운 빛깔의 돌, 조개 껍데기, 심지어는 플라스틱 조각까지 물어 와 장식품으로 쓴다. 벽을 바를 때에는 부리에 작은 나무껍질 조각을 가로로 물고 붓처럼 쓰기도 한다.

녀석이 자신의 정원을 로맨틱하게 꾸미는 데는 다 이유가 있다. 암컷을 유혹하기 위해서다. 암컷을 불러다 자신의 건축 솜씨를 뽐내기 위해서다. 암컷은 '그래 어디 너의 건축 감각을 한번 살펴볼까?' 하는 심정으로 수컷이 만든 정원으로 들어선다. 그런데 입구가 맘에 들지 않으면 그냥 나가 버린다. 너 따위의 형편없는 건축 실력으로 내 마음을 빼앗으려 했단 말이야. 안 돼. 너는 아웃이야. 암컷은 수컷의 형편없는 건축 실력을 보고 그대로 퇴짜를 놔 버린다.

그렇다고 여기서 실망할 수컷이 아니다. 수컷은 다시 꽃을 물어다 자신의 정원을 장식하고, 혹시 자신이 건축한 대문의 대칭성이 훼손되지는 않았는지 다시금 세심하게 손본다. 아름다움을 창조한다는 것, 로맨틱한 분위기를 연출한다는 것은 이 새들에게 단지 미학상의 문제에서 그치는 것이 아니다. 이 새들에게 미학은 성공적인 번식을 성사시키느냐 마느냐 하는 절실한 생식의 문제이다.

훌륭한 조형 감각과 건축술로 자신의 정원을 가꾸고, 그 훌륭한 정원으로 매력적인 암컷을 자신의 둥지로 불러들였을 경우, 고생에 따른 보상은 두둑하다. 먼저 새틴바우어버드의 유전자를 후대에게까지 전하기 위한 일련의 달콤한 작업이 진행된다.

문제는 그다음이다. 일단 화려하고 훌륭한 둥지로 암컷을 유혹해서 일련의 작업을 마치면 암컷에 대한 새틴바우어 수컷 새의 태도가 싹 달라진다는 것이다. 유혹을 할 때는 심장을 다 꺼내 줄 듯하다가 일단 짝짓기가 끝났다 싶으면 냉혈한으로 바뀌어 버리는 것이다. 올 때는 네 발로 걸어 들어왔겠지만 갈 때는 네 마음대로 떠날 수 없다는 것을 보여주기 위해, 뜨거운 맛이라도 보여주겠다는 듯 수컷은 암컷을 쪼아 대기 시작한다. 암컷이 더욱 화려한 둥지와 정원을 찾아 떠날 것이 두렵기 때문이다. 그러고는 자신보다 서열이 낮은 새들이 자신의 정원보다 더 화려한 정원을 꾸미고 있다 싶으면 당장 뒤엎어 버린다. 깡패나 철거 용역 직원들을 동원하지 않고 자신의 힘으로 직접 뒤엎어 버린다. 뿐인가, 다른 수컷의 둥지에 있는 장식물마저 노략질해 온다. 나보다 잘난 둥지를 짓고 있는 놈은 그냥 넘길 수 없다는 심보다. 참으로 놀부 뺨치는 고약한 녀석들이다. 암컷에 대한 폭력, 가택 침입에 기물 파손과 절도까지 합한다면 지독한 교도관을 만나 족히 십 년 이상을 썩어야 할 녀석들이다. 아무튼 새라고 우습게 볼 일이 아니다. 성질 참으로 더러운 녀석이다. (녀석은 이렇게 항변할지도 모른다. 나도 이러고 싶지 않아. 내가 이러는 게 다 유전자 때문이라구.)

혐오감에 대한 단상

구더기가 끓고 있는 죽은 쥐를 보면 구역질이 난다. 썩은 시체에서도 혐오감을 느낄 수 있다. 혐오감은 시체, 부패한 과일, 배설물, 기생충, 토사물, 병자처럼 질병을 옮기는 매개물로부터 몸을 지켜 주었다. 말하자면 혐오감은 '적응적 이득'을 주는 감정이다. 썩은 시체 옆에서도 태연할 수 있는 자는 감염을 불사해야 한다는 이야기다.

혐오감이 이득을 주는 적응이라면 왜 아이들은 아무것이나 입에 넣으려고 할까? 심지어 어떤 아이들은 배설물까지도 입에 넣는다. 이런 사정을 감안한다면 혐오감이 생물학적 생존에 중요하다는 주장은 신중하게 검토되어야 옳다.

게이나 레즈비언, 혹은 스킨헤드족에 대한 배타적인 감정을 고려한다면 혐오는 생물학적이기보다는 사회적이고 문화적이라고 할 수 있다. 외견상 구역질은 본능적인 반응 같아 보이지만 그것은 일종의 문화적 반응이다. 혐오의 감정은 얼마든지 바꿀 수 있다는 이야기다. 바꿀 수 있다면 바꾸어도 좋으련만 사람들은 쉽사리 혐오의 코드를 바꾸려고 하지 않는다. 일부는 옳고 일부는 틀렸다.

조홍휴 혐오감이 실체로 나타나는 대표적인 상황이 선거 아닐까. 누굴 좋아서 선택하기보다 혐오스러운 존재가 낙선하길 바라는 심정이 더 강렬할 수 있으니까. 나는 서울 태생이지만 본적은 전라도라 전라도 것으로 분류되어 살아왔는데 이전 선거 때만 되면 주변에 부는 혐오의 광란에 감탄하곤 했다네. 그 선생을 좋아한다기보단 그 선생을 혐오하는 자들을 혐오해서 갈라서는 게 정확하단 느낌이 들었거든. 나도 조금 물들었고 혐오는 그런 면에서 확실히 전염병이고 한 번 감염되면 난치병이지. 그 병에서 치유될 수는 있는데 그럼 친구를 잃게 되지. 난치병으로 사느냐 외롭게 사느냐 그것이 문제로다.

김보일 혐오는 확실히 전염병이라는 홍휴의 말에 전적으로 동감! 나 또한 서울 태생이고 전라도가 본적이라 엉뚱한 오해(?)를 많이 받아 왔지. 어처구니없이 네 편 내 편을 가르고 혐오감을 마구 생산해 내는 작태라니. 어떤 녀석들은 특정한 무리에 섞이기 위해서 없는 혐오감을 억지로라도 만들더라구. ㅎ

박순애 첫 문단의 혐오는 죽음에 대한 기피나 두려움이 아닐지요. 둘째 문단의 배설물도 음식물의 죽음과 연관지어 생각되네요. 하지만 어린아이들은 그에 대한 두려움이 없는 거죠. 셋째 문단의 나와 무척 다른 데서 느끼는 배타적인 감정은 사회적 문화적 산물이라는 말씀에 공감합니다.

늘 싱싱한 매력을 잃지 않으려면

　몇 년 전 아내와 통도사와 대흥사를 거쳐, 보길도에 가기 위해 해남의 선착장에서 페리호를 기다리다가 우연하게 한 선배를 만났다. 그는 나와 같은 학교에서 근무하던 생물 교사였다. 그 역시 아내와 여행 중이었다. 그의 아내도 남편과 같은 생물학과 출신이었고, 나의 아내도 생물학과 출신이라 이야기는 자연스럽게 생물학 쪽으로 옮아 갔다. 함께 저녁을 먹고 예송리 해변을 걸으면서 이런 말을 했던 기억이 있다. 달빛이 쏟아지는 소나무가 울창한 낭만적 해변에 어울리지 않는 말이긴 했다.

　우리의 뇌는 끊임없이 지속되는 자극은 인식하지 못하는 것 같아요. 가령 파도 소리와 같이 끊임없이 연속되는 자극에 뇌가 지속적으로 반응한다면 뇌는 엄청난 피로를 느껴야 할 거예요. 우리가 어떤 냄새 속에서 계속 살게 되면 그 냄새를 느끼지 못하는 것도 같은 이치인 거 같아요. 뇌는 엄청난 부하량을 요구하는, 계속되는 자극은 없는 것으로 간주할 거란 거죠. 바닷가에 사는 사람들이 파도 소리를 인식하지 못하는 것은 그것이 새로운 자극이 아니기 때문일 거예요. 그러나 개 짖는 소리와 같은 새로운 자극에는 민감하게 반응할 거예요.

그 말을 듣던 선배는 이런 말을 해 주었다.

내가 아는 사람은 인쇄공인데, 인쇄소의 기계 돌아가는 소음이 엄청난데도 그 속에서 아무렇지 않게 검정고시 공부를 하고 있더라구. 그래서 내가 물어봤지. 시끄러운데 공부가 되냐고. 그랬더니 그 사람이 그러데. 매일 듣다 보니 이젠 기계 소음이 들리지 않더라고.

다행히 보길도의 예송리 바닷가에서 우리들의 귀는 파도 소리 하나하나를 예민하게 감지하고 있었다. 무명의 소음에 익숙해진 도시인들의 귀에 파도 소리는 하나하나가 새로운 자극이었다.

에두아르도 푼셋의 『인간과 뇌에 관한 과학적인 보고서』(유혜경 옮김, 새터, 2010)의 319쪽에서 322쪽에 걸쳐 산만하게 흩어져 있는 내용들을 요약해 보니, 왜 우리가 익숙한 자극에는 좀처럼 반응하지 않는지에 대한 대강의 답은 되겠다 싶어 옮겨 본다.

멕시코의 유명한 신경학자인 라눌포 로모는 붉은털원숭이 실험으로 중대한 발견을 한다. (예송리 해변에서 선배와 내가 나누었던 대화에 실증적 근거를 제공할 흥미로운 실험이었다.) 그는 감각 자극을 연장함에 따라, 그 자극 때문에 유발되는 신경의 활동이 감소한다는 것을 확인했다. 이 실험은 우리의 뇌는 하루 종일 동일한 감각 정보에만 귀를 기울일 수 없다는 사실을 보여준다. 끊임없이 동일한 자극이 주어지면 어느 순간에는 이 자극에 대한 고리가 끊어져야 한다. 라눌로 모포가 실험실에서 관찰한 것은 원숭이의 뇌는 자극이 주어지는 내내 관심을 기울이는 것이 아니라, 제한된 시간 동안에만 자극에 관심을 쏟는다는 점이다. 신경 세포들은 처음 몇 초 동안 관심을 쏟았다가 점차 관심의 강도가 약해지며, 비록 자극이 계속 주어지더라도 나중에는 관심을 쏟지 않게 된다. 즉, 우리의 뇌는 같은 것을 계속 지켜보거나 귀를 기울이지 않는다는 것을 알 수 있다. 음식을 먹을 때도 마찬가지다. 한 가지 맛에만 집중할 수가 없다. 지루하기 때문이다.

그 밥에 그 나물, 식상食傷하다는 말, 권태기란 말은 뇌 과학적으로도 충분히 근거가 있는 말이다. 일신우일신日新又日新, 매력 지수를 계속 유지하기 위해서는 늘 자신을 쇄신하는 노력이 필요하다고 하겠다. 천하의 서시나 양귀비라도 자신을 계속해서 업그레이드시키지 않으면 찬밥 신세를 면치 못할 수밖에 없다. 건전지만 수명이 있는 것이 아니다. 메뚜기도 한철이고, 경국지색傾國之色도 수명이 있는 법이다. 그러나 미모를 업그레이드시키는 데는 비용도 만만치 않고 부작용도 상당하다. 그렇다면 소프트웨어를 바꾸는 일은 어떨까. 하드웨어를 뜯어고치는 것에 비하면 비용이나 부작용이 훨씬 덜한 편이겠다. 딱히 좋은 방법은 없다. 사정과 형편을 고려하여 저마다 안전한 방법을 생각해 볼 일이다. 어쨌든 계속되는 자극에 뇌가 반응하지 않는다는 것은 양귀비나 마릴린 먼로에게는 불행한 사실이지만 뇌에게는 축복이다. 세상의 미녀들이 이런 사실을 알고 있는지 모르겠다.

끈적함에 대한 심리적 불쾌감은
어디에서 연유하는가

    무언가 물컹한 것을 밟았다면 우리는 놀라고 불쾌하게 생각한다. 가래침처럼 끈적끈적한 것은 더럽다고 생각하기도 한다. 프랑스의 철학자 사르트르는 사람들이 끈적끈적한 성질, 즉 점착성을 왜 불결하다고 여기는지를 연구했다.

    물은 우리의 손에서 흘러가 버린다. 그러나 끈적끈적한 것은 만지는 순간, 즉 우리가 그것을 소유했다고 생각하는 순간, 우리의 몸에서 잘 떨어지지 않는다. 우리는 그 순간 사물이 오히려 우리를 꽉 쥐고 있는 것처럼 느낀다. 즉 사물에 의해 오히려 우리가 소유되었다고 느끼게 된다. 끈적끈적한 것들에게는, 소유되는 것들이 소유하는 것들을 오히려 소유하려는 음험한 계책이 숨어 있다고 사르트르는 말한다.

    내가 누군가를 소유했다고 생각해 보자. 나는 그를 내 의지대로 조종할 수도 있다. 그러나 오히려 내가 소유한 것이 끈끈이주 걱처럼 끈적하게 나에게 달라붙으면, 그래서 아무리 털어 내려 해도 떨어지지 않으면 우리는 왈칵 겁이 나기 시작한다. 아, 이것은 내 마음대로 할 수 없는 존재로구나, 내가 소유하려고 했던 대상에게도 나를 소유하려고 하는 욕망이 있구나 하는 생각을 하게 된다. 사람은 물건을 마음대로 소유할 수도 있고 버릴 수도 있다. 그러나 사물이 아닌 사람은 자신의 욕망대로 소유할 수 없다. 바로 점착성 때문이다. 점착성은 곧 우리가 소유하려는 대상이 욕망을 가진, 끈적끈적하게 달라붙는 존재임을 암시한다. 끈적끈적한 점착성은 더럽고 불쾌하다는 느낌을 갖게 하지만 바로 그런 불쾌한 감정을 경험함으로써 사람들은 내가 소유하려고 하는 대상도 나를 소유하려고 하는 끈적끈적한 욕망을 지닌 존재임을 인식하게 된다. 끈적끈적함의 불쾌한 경험은 곧 타인의 존재와 욕망을 깨닫게 되는 성숙의 입구에 다름 아니다. 우리는 어떤 존재를 마음대로 가볍게 소유할 수 있다. 그러나 그것은 상대방에게 욕망, 즉 점착성이 없을 때만 가능하다. 우리가 마음대로 소유할 수 있는 것은 사물이지 사람이 아니다.

왜 새빨간 거짓말일까

누가 왜 '새빨간' 거짓말이냐고 묻는다? 당돌한 질문 앞에 잠시 머뭇거린다. 글쎄 왜 하고많은 색깔 중에서 유독 빨강일까?

가설은 이렇다.

열매가 익으면 빨갛다. 먹음직스럽게 보이기 위함이다. 무릇 홍조紅潮는 농익음의 징표 아닌가. 어떤 열매가 어떤 연유로 해서 거짓말을 할 필요가 생겼을 때, 가령 익지도 않은 것이 익은 것처럼 보이고 싶을 때, 자신을 빨갛게 치장할 필요가 있겠다.

홍조는 수줍음의 표시다. 수줍음은 미숙함의 징표이기도 하다. 간난신고 우여곡절 겪은 사람은 벌게지지 않는다. 이런 사람은 거짓말을 해야 할 때 자신을 붉게 물들일 필요가 있다.

피는 강력한 진실이다. 눈앞에 흐르는 피를 어찌 부인하랴. 바로 그 부인할 수 없는 진실이 거짓의 베이스 캠프다. 가장 신뢰할 만한 속임수는 피를 흘리는 전략이다. 새빨간 피를.

결혼에 관한 다윈의 대차대조표

『인간과 뇌에 관한 과학적인 보고서』의 저자, 에두아르도 푼셋은 다윈에 얽힌 에피소드 하나를 들려준다. 내용은 이렇다.

진화론의 창시자답게 다윈은 메모광에 분석광이었던 것 같다. 영국의 한 자연사 박물관에는 5년에 걸친 비글호 항해 기간 다윈이 수집한 수천 점의 표본과 함께 그의 일기장들도 전시돼 있다는데, 그중의 한 페이지에 총각 시절의 다윈은 결혼의 장단점을 보여주는 대차대조표를 꼼꼼하게 작성했던 모양이다.

결혼의 플러스 항목이라면 평생 동반자이자 노년에는 친구가 돼 줄 아내가 있다는 것, 집 안에 음악과 여성 특유의 한담이 넘친다는 것. 그러나 결혼이 좋은 것만은 아니었다. 이번엔 마이너스 항목이다. 마음대로 돌아다니고 밤늦게까지 독서를 할 자유를 잃는다는 것, 번거롭게 찾아오는 일가친척들, 그리고 책이 아닌 아이들에 돈을 써야 한다는 것...... 결국 그는 결혼을 하느니 한 마리 개로 사는 것이 낫다고 결론지었다.

그런데 며칠 뒤 그는 사촌인 엠마를 만나고 단박에 그녀를 사랑하게 된다. 결혼에 관련한 이성적인 대차대조표가 무력화되는 순간이다. 그녀와의 결혼은 행복했고, 그들은 많은 자녀를 슬하에 두게 된다.

내 생각은 이렇다. 이성異性 앞에서 이성理性은 창백하다. 따지고 재고 암만 측량해 봐야 엠마의 향기, 엠마의 살결, 엠마의 눈빛 앞에서는 속수무책이다. 번쩍하는 황홀한 순간, 강렬한 느낌에 모든 것을 맡길 수야 없는 일이지만 이성理性에게 모든 것을 떠맡기는 것 또한 위험하고 바보스럽다. 이성 없는 감정은 맹목이고, 감정 없는 이성은 공허하다. 이성이 감성을 인도하고, 감성이 이성을 부축해야 한다는 것! 때론 감성 앞에 이성이 고스란히 무릎을 꿇어야 할 때도 있는 법이다. 다윈은 그렇게 했고, 다행히 행복했다.

사랑, 무식함으로 병드는

1985년에 고려원에서 나온 로맹가리의 자서전 『새벽의 약속』. 이 책에 등장하는 로맹가리의 어린 시절 에피소드 하나.

로맹가리가 아홉 살 되었을 무렵 발랑띤느라고 하는 한 아름다운 소녀를 사랑하게 된다. 날씬한 몸매에 밝은 눈의 갈색 머리 소녀였다. 문제는 이 소녀가 어린 남자아이들의 경쟁 심리를 묘하게 자극했다는 것. 로맹가리는 그녀의 마음을 사로잡기 위해 자신의 용감성을 증명해 보이기 시작한다. 일본 부채 한 개, 무명실 2미터, 버찌 씨 1킬로그램과 어항에서 건진 금붕어 세 마리를 삼켰다. 용감성을 증명해 보이기 위해서였다. 그러나 그녀는 감동의 기색을 보이지 않는다. 달팽이를 먹어치운 날에 발랑띤느는 눈썹 하나 까딱하지 않고 이렇게 말한다. "죠제크는 나를 위해 거미를 열 마리나 먹었어."

이에 로맹가리는 수컷으로서의 자존심을 걸고 불퇴전의 모험을 감행한다. 고무신 한 짝을 먹어치우기로 결심한 것. 실제로 로맹가리는 발랑띤느 앞에서 주머니 칼로 고무신을 잘라 먹기 시작한다. 식은땀을 흘리며 구역질과 싸우면서 혼신의 힘을 다해 고무신을 먹기 시작한다. 이후에 그는 병이 나서 병원으로 옮겨지게 된다.

로맹가리는 그 일이 있고 나서 칼자국이 난 고무신을 간직하게 된다. 그는 사십이 될 때까지 그의 손이 닿는 곳에 신발을 놓아두었다. 그는 그 대목을 이렇게 적고 있다. "나는 다시 한 번 나의 최선을 보여주기 위해 그것을 먹을 준비가 되어 있었다. 그러나 그런 기회는 오지 않았다. 마침내 나는 그 신을 뒤에다 던져 버렸다. 사람은 두 번 살 수 없는 것이다."

거미 열 마리를 먹는 죠제크도 없고, 고무신을 씹어 먹은 로맹가리도 없다. 전설도 없고 신화도 없는 올망졸망 꾀죄죄한 날들이다.

수컷들이 암컷들의 언어를
해킹해야 할 이유

아내가 무거운 물건을 옮겨 달라면 냉큼 하지만 브래지어 호크를 채워 달라면 진땀을 뺀다. 목걸이를 풀어 달라고? 이것도 고역이다. 아내는 빨래를 정갈하게 개고, 채곡채곡 물건들을 수납한다. 수컷인 나는 이런 섬세한 일에는 젬병이다. 군대에서도 나의 사물함은 툭하면 뒤엎어졌다. 오 마이 갓, 러닝셔츠마저 각을 잡고, 오와 열을 맞추어야 했다.

수컷들은 교량을 건설하고 사막을 가로질러 철로를 깔지만 지극히 섬세한 일, 아내의 목걸이를 풀어 주는 일에는 여전히 미숙하다. 멧돼지와 같이 커다란 사냥감을 뒤쫓던 수십만 년 동안의 사냥꾼의 본능이 남아 있기 때문일까.

수컷들은 거대담론이나 대언장어大言壯語를 즐겨 말해도 뉘앙스나 디테일을 생산하는 데에는 현저히 뒤진다. 수컷들이 암컷들의 언어를 해킹해야 할 이유가 여기에 있다. 수컷들은 암컷들을 모방하면서 보다 탐스런 수컷들이 되는 것은 아닌지. 암과 수는 적어도 모순 개념이 아니다.

> **조홍휴** 해킹은 가려 놓은 것을 파고 들어가 들여다보고 조작함을 의미하려나. 사실 여자 남자의 오묘한 차이는 천기라 하겠는데 이 천기가 누설하고자 해도 누설할 것도 없이 정연하게 펼쳐져 있으니 앞으론 해킹하자 하지 말고 학습하자 해야 할 것.

[*대언장어
제 분수에 맞지 않는 말을 희떱게 지껄임. 또는 그 말.]

슬픔의 수용체

꿀벌은 자외선을 감지한다. 그러나 불행하게도 인간은 자외선을 볼 수 없다. 망막에 자외선을 감지하는 시세포를 갖지 않은 호모 사피엔스는 꿀벌이 아무리 친절하게 자외선을 설명해 준다 할지라도 꿀 먹은 벙어리일 수밖에 없다.

뱀은 적외선을 감지한다. 체온이 있는 것이면 어둠 속에서도 낼름 잡아먹는 킬러의 본성이 거저 생긴 게 아니다.

고양이는 단맛을 모른다. 고양이의 혀에는 '단맛 수용체'가 없다. 그래도 고양이는 하등의 불편함을 느끼지 못한다. 단맛은 주로 탄수화물에 존재하는데 육식을 하는 고양이에겐 탄수화물의 감지기능이 그다지 중요하지 않기 때문이다. 고양이의 단맛 감지 유전자는 생존에 크게 영향을 받지 않는다는 이야기다. 그러다 보니 단맛을 느끼는 수용체가 없어지고 육식 위주의 식사를 하게 된 것으로 보인다.

 논리를 확대하면 이렇다. 인간이 슬픔을 느끼는 것은 슬픔의 수용체가 인간에게 진화적 이득을 안겨 주었기 때문이라는 설명이 가능한데 슬픔의 진화적 이득은 무엇일까? 누군가가 누군가를 애도한다는 것, 생명이 죽음을 안쓰러워 한다는 것. 그래, 애도가 갖는 진화적 이득을 작다고 볼 수 없겠지. 슬퍼서 인간이고, 슬퍼서 세상이다. 슬픔의 수용체를 제거한다고 결코 행복해질 수 없다. 이미 거긴 세상이 아니다. 몸 있을 때만 세상이라고. 그래 몸은 슬픔이다. 하도 슬퍼서 어떤 이들은 하루에도 몇 개씩 유머를 발명하기도 한다. 꿀꿀한 날은 그래야겠다. 재능이 허락할지는 모르지만 말이다.

자하비의 핸디캡 이론

공작새의 꼬리는 길고 화려하다. 무려 꼬리 길이가 90센티미터나 된다. 화려한 무늬는 포식자의 눈에 띄기 쉽고, 거추장스럽게 긴 꼬리는 공격을 당할 경우 도망가기 어려운데도 왜 비싼 비용을 들여가며 거추장스러운 꼬리를 달게 되었을까 하는 의문을 설명하는 이론이 이스라엘 동물 생태학자 아모츠 자하비Amotz Zahavi가 내놓은 '핸디캡 이론'이다.

'핸디캡 이론'의 핵심은 간단히 말하면 '최고는 남들에게 자신의 우월성을 납득시키기 위해 핸디캡을 선택한다'는 것이다. 공작새의 화려한 꼬리는 생존에 불편함을 초래하는 일종의 핸디캡이다. 그러나 이런 핸디캡을 안고 있다는 것은 핸디캡을 안고도 능히 살아갈 수 있는 힘과 배짱과 여유가 있다는 개체의 우월성을 역설적으로 말해 준다. 쪼잔하게 기껏 이 정도의 투자에 벌벌 떨 것 있어. 너희들의 입장에서는 이런 것이 핸디캡으로 보이겠지만 나는 능히 버텨낼 수 있는 힘이 있다는 것을 공작새는 그 화려하고도 긴 꼬리로 은연중에 과시하고 있는 것이다.

'아라비아 노래꼬리치레'는 꽁지가 9센티미터 정도로 언뜻 보면 참새와 비슷하다. 관찰 결과에 따르면 '아라비아 노래꼬리치레'는 동료들을 위해 가장 높은 나뭇가지에 앉아 보초 서는 일을 서로 맡으려고 적극적으로 경쟁한다. 또 친구에게 먹이를 나눠 준다. 그건 내가 너희들에게 자비와 자선을 베풀 만큼의 포스와 능력이 충분함을 과시하기 위한 일종의 홍보 전략인 셈이다.

가장 높은 나뭇가지에 앉아 보초를 서는 것은 스스로 천적인 매에 노출되는 행위다. 노래꼬리치레가 친구를 위해 목숨까지 내걸어 가며 위험을 감수하는 이유는 무엇일까. 자하비 박사 팀은 '진정 우월한 개체만이 많은 비용(위험 감수·먹이 양보 등)을 들여 우월성을 널리 알릴 수 있고, 이로써 짝을 유혹하는 등 성공을 산다'고 풀어냈다. 결국은 노래꼬리치레의 무모한 행위는 암컷으로부터 수컷다움을 인정받고 암컷의 선택을 받기 위함이다. 용감한 자가 미인을 차지한다는 속담은 동물계에도 먹혀들어 간다.

청와대를 거쳐 간 전직 대통령 중의 한 분은 대통령 시절 부하들에게 몇 억 원을 전별금으로 주었다던가. 나는 이 정도로 퍼 줘도 끄덕없다는 일종의 과시 전략인 셈이다. 마초들은 술집에 가서 그런다. 이 집 얼마면 하루 빌릴 수 있니. 문 닫아라. 혼자 조용히 술 한 잔 하게. 이 정도의 소비로 탕진될 내가 아니라는 일종의 웅변인 셈이다. 사람과 동물이 멀지 않다. 그러나 기부 천사 김장훈이나 평생 시장통에서 모은 돈을 장학금으로 쾌척하는 김밥 할머니를 본다면 동물들은 인간에게 조금 열등감을 느껴도 좋겠다.

박순애 '핸디캡 이론'의 핵심은 '신호가 신뢰성을 가지려면 반드시 그 신호의 속성과 관련된 비용이 수반되어야 한다'는 것이다. 생명의 위협과 같은 상당한 어려움(핸디캡)이 존재하는 상황에서 특정한 속성을 과시할 만큼의 능력이 있다는 신호를 내보냄으로써 그 속성을 구비하지 못한 개체에게 핸디캡이 되도록 만든다는 것이다……/ 2010년 동국대의 수시 논술시험에 자하비의 '핸디캡 이론'이 제시문으로 나왔어요. ^^

김보일 강한 자가 핸디캡을 끌어안고, 약한 자에겐 어드벤티지를 주는 것이 정의의 원리라고 생각합니다. 비용을 수반하지 않는, 말로만 하는 선심성 선물은 있으나마나죠. 신호의 속성(공작새 무늬)은 비싼 신호입니다. 돈 좀 들여야 한다는 이야깁니다.

인간의 숭고한 가족사랑이라고?

일반적으로 풍매화는 종자의 개수를 늘리는 데만 골몰할 뿐, 종자가 발아되고 양육되는 환경에 대해서는 신경을 쓰지 않는다. 풍매화가 씨앗을 바람에 날릴 때의 마음을 유추하건대 이렇다. "어디 가서 뿌리를 내리든 네가 알아서 잘 살아라." 굴도 수백 만 개의 알과 수십억 개의 정자를 바다에 방출한다. 그중에서 운이 좋은 것은 살아남고, 운이 나쁜 것은 단명한다. 풍매화나 굴에게서 부성애라곤 눈꼽만큼도 찾아볼 수 없다.

그러나 새끼를 적게 낳는 새와 포유류는 2세 양육에 많은 비용을 투자한다. 특히 포유류는 제 가슴에 불룩한, 고단백 영양식 주머니까지 차고 극성으로 새끼를 돌본다. 포유류 중에서도 인간의 자식에 대한 투자 규모는 유별나다. 보통 동물은 낳자마자 걷지만 사람은 1년이 지나야 겨우 걷는다. 이유는 어른의 뇌 용적이 영장류에 비해 4배 정도 크기 때문이다. 만약 미숙아가 아닌,

낳자마자 걷는 '슈퍼베이비'를 낳으려면 출산 시, 모체의 골반은 지금의 규모로서는 어림도 없다. 다시 말해 훨씬 더 커져야 한다는 이야기. 그러나 골반이 커지는 데는 한계가 있다. 때문에 인간은 '생물학적 미숙아'로 태어난다. 이런 미숙아를 제대로 걷고 뛰고 말하게 하여 '사람답게' 하기 위해서, 다시 말해 자족할 수 있는 두뇌를 만들기 위해서 필요한 것이 교육과 사랑이라는 양육 자원이다. 더구나 두뇌 속에 채워 넣어야 할 문화적 정보량이 많은 인간으로서는 다른 어떤 종보다 긴 교육 기간이 필요하다.

조류, 포유류, 인간 등 체내 수정 동물은 아버지보다 엄마 사랑이 더 강하다. 체내 수정의 경우, 아버지는 진짜 자기 자식인지 알기가 어렵기 때문이다. Momma's Baby, Daddy's Maybe. '엄마의 아기는 확실! 아빠의 아기는 불확실'이란 말도 그런 사정을 반영한 말이다. 친자 확인 소송의 대부분이 아버지에 의해 이루어지고 있다는 사실도 이를 간접적으로 증명한다. 반면 물고기와 양서류 같은 체외 수정 동물의 경우에는 아버지가 자식을 더 많이 돌본다. 수컷은 알에 정자를 내뿜으면서 자신의 자식임을 분명히 확인할 수 있기 때문이다. 자신의 몸이 만신창이가 되도록 새끼를 돌보는 가시고기의 부성애도 이런 사정을 반영하고 있다.

미숙아로 태어난 자식의 두뇌에 고급스런 정보를 넣어 주기 위해 동분서주하는 이 땅의 부모들로 인해서 사교육 시장은 불황을 모른다. 자녀들을 외국에 조기유학 보내고 외롭게 저녁식사를 하는 기러기 아빠들의 부성애가 고상해 보이다가도 한편으론 측은해 보이기까지 한다. 기러기 스스로 알아서 할 일을 왜 기러기 아빠 엄마까지 나서서 설쳐야 하느냐는 말이다. 자식 겉 낳았지 속 낳았나? 하드웨어를 만들어 주면 되었지 소프트웨어까지 모두 알뜰하게 채워 주어야 하는 건 아니지 않은가. 기러기 아빠도 측은하지만, 기러기 아빠의 축에도 끼지 못하는 가난한 아빠들의 한숨도 측은하기는 마찬가지다. 따지고 보면 이것이야말로 전형적인 혈연주의, 종족 이기주의다. 숭고한 가족 사랑으로 주장되기도 하는 혈연적 이기주의!

"우리 애도 조기 유학 보내야 하지 않을까요?"

하렘의 가련한 수컷 마초들

　최고 권력의 자리는 모든 수컷들의 로망이라고 할 수 있다. 최고의 음식과 의복은 기본이고, 최고급 자동차에, 웅장한 저택, 까딱하는 손짓 하나로도 얄미운 자들을 처단할 수 있다. 뿐인가? 궁녀들을 마음대로 부릴 수 있다는 것이야말로 수컷들의 최고의 판타지라 해도 과언이 아니다. 그런데 최고 권력자, 즉 '오야붕'의 자리가 결코 만만한 자리가 아니라고 주장하는 책이 있다.

　역사학자 이덕일의 책, 『조선 왕 독살 사건』(다산초당, 2009)이 그것. 이 책은 말한다. 조선 중기 이후 인종부터 고종까지 조선의 왕 4명 중 1명이 독살설에 휩싸였다고. 밑에 있는 졸개들에게 선불리 당하지 않으려면 끊임없이 촉각을 곤두세워야 하는 피곤한 자리가 최고 권력자의 자리다. 똘똘한 무술 유단자에 첨단의 경호 시스템과 치밀한 첩보망에 아낌없는 투자를 해도 늘 불안한 자리가 오야붕의 자리다.

오야붕들은 자신의 자리를 확고히 해 두기 위해 도전자들에게 '뜨거운 맛'을 보여준다. 사지를 갈기갈기 찢는 능지처참에 삼대를 멸하는 참담한 형벌이 그것. 삼대를 멸하는 전략은 아예 '씨'를 말려 복수의 가능성을 원천적으로 차단하는 전략이다. 이런 극형은, 도전은 곧 죽음이라는 인식을 미래의 도전자들의 뇌리에 단단히 각인시킨다. 불에 태우는 화형, 목을 자르는 참형 등 처형을 공개하면 대중들에게 공포를 각인시키는 효과를 낳는다. 할리우드 영화를 보면 유구한 전통을 가진 갱단일수록 이런 징벌 시스템을 효과적으로 구사한다. 칭찬은 두둑하게, 징벌은 잔혹하게!

비투스 B. 드뢰셔의 책 『상상초월 하이에나는 우유 배달부』(이영희 옮김, 이마고, 2007)는 오야붕의 자리가 스트레스가 엄청 쌓이는, 그다지 탐스럽지 않은 자리임을 재미있게 말해 준다.(드뢰셔는 뛰어난 이야기꾼이다.)

오야붕의 자리가 피곤한 자리임을 설명하기 위해 저자는 바다코끼리의 하렘을 예로 든다. 일부다처제를 제도적으로 허용하는 이슬람 국가에서 권력자들의 부인들이 거처하는 방을 '하렘harem'이라 하는데, 이 용어는 포유류의 번식 집단 형태를 가리키는 말로 쓰이기도 한다. 간단히 말해 물개처럼 한 마리의 힘센 수컷, 즉 오야붕과 여러 마리의 암컷으로 구성된 집단이 하렘인 셈이다.

바다코끼리의 오야붕은 하렘의 암컷들을 지켜내기 위해 늘 스트레스를 받는다.(엄청난 스트레스는 발기불능을 야기할지도 모른다.) 좌불안석坐不安席, 권력자의 자리는 바늘방석이다. 권좌에 앉아 암컷들에 둘러싸여 느긋한 시간을 가질 수도 없다. 심지어는 물고기를 사냥할 시간도 없다. 기껏해야 썰물로 개펄이 드러나 하렘의 침범자들의 접근이 용이하지 않은 시간에만 한시적으로 사냥을 한다. 그 결과 오야붕은 늘 배고픔에 시달리게 되고, 결국 비쩍 곯게 된다. 이런 체력으로는 짝짓기도 힘들어진다. 이런 체력 상태로는 오야붕의 자리를 유지할 수 없으니, 권불십년權不十年, 결국 이인자에게 권력을 넘겨줄 수밖에 없다.

1989년 영장류학자들이 센서를 이용해 오야붕 원숭이들의 맥박을 조사했던 모양이다. 연구 결과 서열이 높은 원숭이일수록 심장 박동이 빨랐다고 한다. 결국 서열이 높을수록 심장에 가해지는 압박이 크다는 이야기.

밑에서 치받고 올라오는 후배들의 쿠데타를 견제해야지, 소유하고 있는 암컷과 재산 관리해야지, 오야붕의 자리는 분주하고 피곤하다. 그런데 다른 재산과 달리 암컷들은 관리한다고 해서 관리되는 것이 아니다.

책에 의하면 1996년 영국 케임브리지대학의 동물 행동연구가 빌 아모스가 바다표범의 하렘을 조사했더니 아기 바다표범들의 생물학적 아버지가 하렘의 오야붕이 아니었다고 한다. 궁녀들이 오야붕의 관리가 소홀한 틈을 타서 바람을 피웠다는 이야기다. 하긴 싸움에 지치고, 조직 관리에 지쳐, 시들시들해져 버린, 힘 못 쓰는 오야붕에 궁녀들도 관심이 흐릿해졌을 것이다. 더구나 모든 암컷 바다표범들이 근육질의 마초* 스타일을 그다지 반기지 않았을 것이다. 권력자 앞에서는 입도 뻥긋 않고 있지만 내심으로는 다소 힘이 약하더라도 또릿또릿하고 팔팔한 야생의 바다표범을 꿈꾸고 있는지도 모른다. 오야붕으로부터 안전을 약속받고, 즐거움은 바깥에서 취하는 식이다.

겉으로야 번드르르한 타이틀이지만 마초의 실속은 쥐뿔도 없다. 그러나 불쌍하게도 마초들은 권력의 중심을 꿈꾼다. 대나무 속처럼 텅 비어 있는 권력의 중심을.

*마초
단순 무식 힘만 앞세우며 덤비는 남자들.

생존하려면 다양화하라

살아남으려면 섞으라는 것이 자연의 명령이다. 암수의 결합이 필요 없는 단성생식은, 작업(?)이 필요 없고, 데이트 비용은 물론 혼수 자금도 필요 없다는 점에서 매우 저렴한 개체 증식 방법이다. 하지만 유전적 다양성을 만들어 내지 못한다는 점에서 양성생식에 비해서는 상대적으로 질이 낮은 번식 방법이다. 물론 이런 잇점이 있지만 양석 생식은 단성생식에 비해 여간 피곤한 번식 방법이 아니다. 비용도 비용이지만, 밀고 당기고 엎치락뒤치락.

그러나 수많은 병원체들과 기생체들이 득시글거리는 세상에서 성SEX을 통한 유전적 다양성 확보는 매우 효율적인 생존 전략이었다. 하나의 종이 다양한 유전자를 확보한다는 것은 다양한 열쇠 구멍을 확보하는 것에 비유할 수 있다. 다양한 유전자가 확보된다면 어떤 병원체가 한 개체의 문을 따고 들어온다고 하더라도

한 개체의 국부적인 희생에 그치고 만다. 그러나 모든 개체가 동일한 유전적 지형, 다시 말해 동일한 열쇠 구멍을 가질 때에는 종은 절멸의 운명을 감수할 수밖에 없다. 병원체가 가진 열쇠에 의해 모든 종의 자물쇠가 열리는 날, 바로 그날이 떼죽음의 날이기 때문이다. 병원체가 가진 열쇠를 피하기 위해서는 다양한 열쇠 구멍 확보 전략이 필요했다. 유전자의 다양화 전략, 동일한 것을 피하는 전략, 그것이 성sex의 기원이었다.

친척끼리의 근친교배를 피하는 것도 다양성을 확보하려는 전략의 하나다. 이성理性이 전무하다고 판단되는 식물조차도 이런 전략쯤은 안다. 꽃들은 극악한 상황이 아니면 자가수정을 하지 않는다.

가장 간단한 방법은 암수를 분리하는 것. 간단히 말해 한 몸에 암수의 생식기를 한꺼번에 두지 않는 전략이다. '너를 마지막으로 나의 사랑은 끝이 났다. 나의 사랑은 너를 잊는 것…….' 모든 사랑의 엘레지, 비가悲歌는 여기에서 비롯되었다.

두 번째 전략은 내부 생화학적 시스템, 이른바 '자가불화합성'이다. 암술머리에 떨어진 꽃가루는 암술머리의 표면을 향해 화학적 신호를 보낸다. 비유컨대 이런 식이다. "동생아, 나 오빠거든. 그러니 더 이상 너의 수정 시스템을 가동시키지 마." 이렇게 되면 암술도 꽃가루 접수 시스템의 창구를 닫아 버린다.

세 번째 전략은 타이밍 전략, 일종의 시차 전략이다. 암술이나 씨방이 성숙하기 전에 꽃가루를 성숙시켜 장가(杖家)보내 버리는 전략protandrous이다. 반대의 방법도 있다. 꽃가루가 퍼지기 전에 암술과 씨방이 다른 꽃가루를 받아들여 수정을 끝내는 것이다. 가족 안에서 암수의 언니 오빠, 누나 동생이 만날 기회를 차단하는 전략이다. 어느 쪽이든 자가수정의 기회는 극도로 감소한다.

그러나 최악의 경우 식물들도 유전적 다양성 전략을 포기한다. 그들이 자가수정 금지 조항을 어기면서까지 같은 식구끼리 결합하는 것은 왜일까? 최악의 씨앗이라 할지라도 없는 것보다는 낫다는 판단 때문이다.

타가수정이든 자가수정이든 여기에는 동일한 자연의 명령이 있다. 어떤 식으로든 "삶은 계속되어야 한다."

키스할 때
당신의 고개는 좌파? 우파?

할머니는 나를 '찌그덩'이라고 부르기도 하셨다. '찌그덩'은 전라도 사투리로서 표준말로 하면 '갸우뚱' 정도의 의미다. 왼쪽 어깨 쪽 1시 방향으로 고개가 갸우뚱하게 기울어졌다는 데서 붙여진 별명이었다. 중학교 때 친구들도 나를 '1시 30분'이라고 불렀다. 어쨌든 멍하니 있을 때 내 고개는 늘 왼쪽으로 20도쯤 기울어져 있다. 당연히 입맞춤을 할 때도 이런 방향과 각도였을 것이 분명하다.

그런데 어떤 과학 평론가가 키스할 때 머리를 왼쪽으로 돌리는 사람은 오른쪽으로 향하는 연인보다 사랑의 강도가 높지 않다는 글을 썼다. 이럴 수가! 문제의 장본인은 우리나라 과학 평론가 1세대라고 할 수 있는 『이인식의 멋진 과학』의 저자, 이인식이다. 그의 과학 에세이 「키스는 과학이다」를 살짝 엿보자.

2003년 2월 13일자에 발표된 논문에서 귄트르퀸은 오른쪽으로 고개를 돌리는 사람이 많은 까닭은 어린 시절 어머니 품속에서 생긴 버릇 때문이란다. 어머니의 80퍼센트가 아기를 자신의 왼쪽에 눕혀 놓고 키우기 때문에 아기는 어머니를 보기 위해 오른쪽으로 향하지 않으면 안 된다. 그 결과로 대부분의 사람들은 고개를 오른쪽으로 돌리면서 따뜻하고 안전한 느낌을 맛보게 되었다는 것이다. 귄튀르퀸의 연구를 지지하는 과학자들은 키스할 때 머리를 왼쪽으로 돌리는 사람은 오른쪽으로 향하는 연인보다 키스할 때 강도가 높지 않다고 주장했다.

나처럼 왼쪽으로 고개를 돌리고 키스하는 사람과 그렇지 않은 사람, 과연 어느 쪽의 키스가 강렬한지를 실험해보고 싶은 분은 제 가정의 조그만 평화를 위해서 가급적(?) 메시지를 주지 마시기 바람.

한 가지 유념해야 할 사실. 평균으로 추정하는 키스의 강약에 대한 가설에 너무 빠지지 말기를. 남자가 공간 감각이 여자보다 뛰어나다고 해도, 여자의 4분의 1은 남자의 평균보다 공간 감각이 뛰어나다는 사실. 평균이 모든 것을 해결해 주는 것이 아니다. 일반적으로 좋은 평균 점수를 받은 사람보다 비록 평균 점수가 낮더라도 어떤 특정 종목에 점수가 높은 사람에게 끌리는 것이 매력의 법칙이다. 다른 건 다 몰라도 유머가 짱이야, 다른 건 다 몰라도 마음씨만은 짱이야. 이런 식으로 사람을 선택하는 수가 많다. 물론 가장 큰 선택 요인은 돈이다. 돈이 오케이면 다른 감점 요인은 대충 덮는다. 심지어는 감점 요인마저도 매력 요인으로 부풀린다. "그 사람 짜리몽땅한 거 같지만 잘 보면 볼수록 귀엽고 매력 있어. 좀 인색하긴 하지만 요즘 세상에 남에게 퍼 주는 사람치고 잘되는 사람 못 봤어." 암튼 부자들의 단점이 장점이 되는 건 시간 문제다.

 돈을 많이 벌어 오는 배우자는 사냥감을 기민하게 구해 오는 훌륭한 사냥꾼의 후예다. 돈은 현대판 사냥용 창이고 덫이고 그물이기 때문이다. 그러나 나의 아내를 비롯해서 모든 여자가 다 훌륭한 사냥꾼을 원하는 건 아니다. 나는 그렇게 믿는다. 아니, 믿고 싶다.

왜 남자들은 허리가 잘록하고 엉덩이가 불룩한 여자를 선호할까

사회생물학이 발견한 사실 중의 하나는 어느 문화에서든 예외 없이 수컷들은 허리가 가늘고 엉덩이가 넓은 여성들에 대한 남성들의 선호만큼은 상당히 일관적이라는 사실이다. 이에 대해 『밈』(김명남 옮김, 바다출판사, 2010)의 저자 수전 블랙모어는 이렇게 말한다. 그의 논지를 간단하게 압축해 보자.

다른 동물에 비해 뇌가 큰 인간의 문제점은 출산에 애를 먹는다는 것. 이 문제를 해결하기 위해 여성은 골반을 크게 하는 쪽으로 진화의 방향을 결정했다. 커다란 골반의 여성이 애를 쑥쑥 잘 낳는다는 것. (페미니스트여, 여자가 출산기계냐는 항변은 좀 미뤄주시길.)

그렇다면 잘록한 허리는? 잘록한 허리는 여성이 임신한 상태가 아님을 암시한다.

수컷들의 미적 취향이 이상야릇해서 배우자 시장에서 허리가 항아리 같거나 골반이 손바닥만 한 여자를 취했을 경우, 자기 씨도 아닌 아기를 길러야 하는 '오쟁이 진' 남편이 될 수도 있고, 자신의 소중한 씨를 사산하는 비극도 생길 수 있다는 사실.

크고 또렷한 눈, 부드러운 피부와 대칭적 외모도 젊음과 건강의 징표가 되니 수컷들의 선호 아이템이 될 것은 자명한 사실. 나이가 드니 눈은 처지고, 피부는 거칠어지고, 머리 색깔은 짙어지고 대칭성은 무너지기 시작한다. 배우자 시장에서 상품 가치가 그만큼 하락하고 있다는 증거.

그럼에도 불구하고 나이 든 아내만이 가질 수 있는 분위기라는 것이 있다. 연륜에서 우러나오는 따스함의 깊이. 조물주는 모든 것을 앗아가진 않는다. 하나를 주면 하나를 빼앗고, 하나를 빼앗으면 다른 하나를 준다. 고려의 건국 시조 왕건처럼 자손으로 일개 중대를 만들 것도 아닌 바에야 낡은 것이 반드시 나쁜 것은 아니란 이야기.

[3부
**노는 동물,
숭고한**]

"가축화 과정에서 일어나는
동물과 식물의 변이에 관한 책을
다시 쓰기 시작했답니다.
하지만 식물들과 빈둥거리며 노는 게
훨씬 더 즐겁군요."

— 다윈

칸트 선생, 동물도 논답니다

우표를 판매하기 위해 우표를 모으는 것은 취미 활동이 아니라 영리 활동이다. 골동품을 판매하기 위해 골동품을 모으는 것 또한 취미 활동이 아니라 영리 활동이다. 그러나 아무런 금전적 대가를 바라지 않고 오직 행위 그 자체를 즐기는 거라면 이는 분명 취미라고 할 수 있다. 금메달을 목적으로 스키를 탄다면 이는 취미가 아니다. 취미는 물질적 보상報價을 바라는 행위가 아니다. 취미는 행위 그 자체를 즐기는 무보상의 행위다. 그렇다고 취미에 보상이 주어지지 않는다고 할 수 없다. 즐거움은 그 어떤 보상보다 커다란 보상이다.

칸트가 말하는 '무관심성disinterstedness'은 '자신의 이익에 의하여 동기화되지 않은'이란 뜻을 가진다. 돈벌이 수단을 위해 음악을 시작했다면, 즉 어떤 행위가 이익에 의하여 동기화되었다면, 이는 '무관심성'과는 거리가 멀다. 이는 취미가 아니다. 어떤 행위가 취미가 되기 위해서는 그 행위가 이익에 의해 동기화되어선 곤란하다. 즐거워서 듣는 음악, 좋아서 듣는 음악, 재미로 하는 음악, 이것이 취미로서의 음악이다. 음악에서 돈이 나오는 것도 아니고 밥이 나오는 것도 아니다.

취미와 함께 무관심성이란 키워드로 접근할 수 있는 개념이 놀이다. 놀이 역시 즐거움을 바라고 하는 행위이지, 여기서 무슨 금전적 이득을 얻으려는 행위가 아니다. 물론 축구를 놀이로 하면 건강이라는 부수적 효과를 거두기도 하지만 놀이는 본질적으로 즐거움을 추구하는 행위다. 이익은 부수적인 것이지 행위의 직접적인 동기가 될 수 없다.

일반적으로 동물은 취미도 없고 놀이도 없는 존재라고 알려졌다. 취미와 놀이는 인간의 고상함을 증명해 주는 증표였다. 그러나 동물이 놀지 못하는 존재라는 등식은 수정되어야 할 것 같다. 2009년 3월 14일 서울신문이 소개한 바에 의하면 돌고래들은 놀이를 즐긴다. 기사에 의하면 캘리포니아 샌디에이고에 위치한 테마파크 씨월드Seaworld의 돌고래들은 물속에서 공기방울을 만드는 방법을 터득해 서로 장난을 친단다. 돌고래가 입으로 공기를 뿜어내어 공기도너츠를 만들고 이를 빠져나가는 장난을 하는 것이 카메라에 포착되기도 했다고 한다.

박순애 '자신의 이익에 의하여 동기화되지 않은' 무관심성의 취미로 시작했다가 그 취미가 자신의 업이 되면…… 그러면 놀이로서는 자격 박탈인가요? 아니면 놀이의 연장이 되나요?

김보일 놀이와 밥의 통일, 최고의 경지입니다.

박순애 최고 통일의 경지에도 스트레스는 있군요…….

김보일 어떻게 하면 놀면서 밥을 먹을 수 있을까, 이런 고민 많이 해야죠……. 밥벌이를 놀이로 만들든가, 놀이를 밥벌이로 만들어도 좋겠죠. 스트레스는 놀이를 더 정교하게 만들고, 깊이 있게 만드는 것 같습니다.

박성익 논다는 건 동물이나 사람에게 본능적인 것. 이걸 통제하는 건 속박.

김보일 '놀고 있네'를 욕에서 칭찬으로 바꿉시다. 헤어질 때 그럽니다. 한번 놀러와.^^ 아주 좋은 인사법이죠. 비록 그것이 형식적이라 할지라도.

유경하 학자들은 자꾸 사람과 동물을 비교하고 분석하려는 어리석은 짓(?)을 한다. 동물은 동물이고 사람은 사람일 뿐인데. 사고思考가 형성되기 전 아이들은 공갈젖꼭지를 빨고 놀며, 움직이는 모빌을 쳐다보고 까르륵대며 웃기도 한다. 오로지 욕구의 충족, 본능의 만족에 따라 움직일 뿐이다. '즐거워서'의 뜻을 어떻게 받아들여야 하는지 어렵지만 동물들의 놀이는 단지 욕구의 충족, 본능적 만족을 위한 '행위'일 뿐이다. 사람의 사고가 형성되고 나서의 '놀이'는 오로지 '보상'을 전제로 하는 것이며 '이유'가 있는 것이다. 보일 샘이 마라톤이라는 놀이를 하는 이유도 마라톤에서 얻어지는 그 '무엇'이 있기 때문이다. 순수한 콜렉터라도 콜렉션에서 얻어지는 그 '무엇'을 위해서 충실하게 콜렉션에 임할 뿐이다. 만약에 사람이 단순한 본능적 욕구의 해소, 만족만 가지고 '놀이'를 할 수 있다면 뱀을 만나기 전의 아담과 이브로 돌아간 것이리라.

김지혜 그런데요 유 원장님, 그 '무엇'의 보상을 꼭 경제적 가치로만 보려는 사람들이 있잖아요…… 최소한 동물들은 그러지 않을 것 같은데요?

유경하 네~ 지혜님. 동물들은 경제적인 것을 바라지 않지요. 몸이 시키는 대로 하는 것이겠지요. 이렇게 해야겠다, 이것을 하자, 뭐 이런 동기로 하는 것은 아니구요. 본능에 의해 그냥 하는 것. 사람은 생각을 먼저 하지요. 마라톤을 하자. 평행봉을 하자. 나는 국어선생님이지만 자연과학 공부를 하자. 왜? 이유가 분명히 있습니다. 이유가 어딨니? 그냥 마라톤이 좋아서지. 마라톤 하면 밥이 나오니 쌀이 나오니? 보일 샘 요렇게 빠져나가려 할 수 있습니다. 근데 분명히 이유가 있습니다. 마라톤을 통해서 자기 만족감도 얻고 마라톤을 하면서 몸에서 분비되는 엔돌핀 같은 몰핀류의 쾌감은 중독성마저 있습니다. 그래서 무릎 관절이 다 망가지도록 뛰고 또 뛰는 것이지요. 물론 경제적 보상도 있습니다. 심폐 기능과 순환기 쪽이 다 좋아져서 병원 놀이를 자주 하지 않아도 되지요. 면역 기능도 물론 좋아집니다. 의욕이 생기고 정신이 건강해져 본업에 충실하고 능률도 오릅니다. 보일 샘 그래서 마라톤 하는 거지요? 결국 사람은 머릿속으로 따져보고 '놀이'를 시작하고 배우고 지속하게 된다는 말씀이지요.

김보일 놀이의 즐거움은 뇌의 보상 중추에서 만들어진 화학 작용일 수 있다는 것. 사람의 놀이는 동물의 놀이와 달리 매우 숭고하다는 것(의족을 달고 마라톤을 하는 등)…… 동물을 말하는 것은 결국 편협한 인간 중심적 사고를 벗어나자는 것. 부족 중심적(자기 중심적) 사고의 틀을 깨자는 것, 물론 인간은 인간 중심적일 수밖에 없지만, 그렇다고 인간 중심'주의'로까지 갈 것까지는 없다는…… 위의 글은 놀이에 대해서 미학적으로 접근한 감이 있네요. 놀이에 대해서 기능적으로 접근하면 얼마든지 경하 샘의 의견에 동조할 수 있겠습니다. 동물은 놀이를 통해 사냥 기술을 터득하고 사회성을 획득하죠. 사람도 마찬가지입니다. 건강도 얻고, 인맥도 형성하고, 문화적 지위도 획득하죠. 맞습니다. 오로지 순수한 놀이는 없습니다. 그러나 어떤 행위보다 놀이는 즐거움을 추구한다는 점에서 유별난 데가 있죠. 놀이를 하는 자의 무의식에는 보상을 바라는 마음이 있을 수도 있겠으나 놀이는 다른 행위에 비해 비교적 이익에 의해 동기화되지 않는다고 볼 수 있겠죠. 정치한 반론을 위해서는 새로운 노트가 필요하겠습니다.

그냥 좋다고? 천만에

사람들은 무용수가 중력을 거슬러 하늘로 솟구칠 때, 가수의 노래를 들을 때, 짜릿한 감동과 흥분, 즉 쾌감을 느낀다. 쾌감은 단순한 마음과 육체의 쾌적함에서 그치지 않는다. 그것은 인간에게 적응적 이익을 준다. 고칼로리 에너지 덩어리라고 할 수 있는 과일의 달콤한 맛은 인간의 적응력을 향상시키고, 짝짓기의 쾌감은 번식의 이득을 가져다준다.

이것이냐, 저것이냐를 선택하는 기로에 서 있을 때, 인간은 쾌감을 주는 것을 선택한다. 다시 말해 더 긍정적이고 좋게 느껴지는 것을 선택한다. 그런데 우리가 선택하는 것, 즉 우리의 기분을 좋게 만드는 것은 일반적으로 그것이 생존가치가 있기 때문이다. 쉽게 말해 기분 좋게 느껴진다는 것은 우리에게 필요한 것이 무엇이라는 것을 알려주는 하나의 단서라는 것이다.

가령 우리가 균형 잡힌, 즉 대칭성이 있는 사람을 더 좋아하도록 미감이 발달된 이유는, 비대칭성을 가진 사람보다 대칭성을 가진 사람이 생존 가치가 높기 때문이다. 대칭성의 붕괴는 곧 질병과 노쇠, 즉 생명 가치의 저하를 의미하기 때문이다. 쾌감에 이끌리는 인간의 성향이 생존 가치를 추구하는 인간의 타고난 본능이라면 예술 또한 인간의 본능일 수밖에 없다. 예술은 놀이처럼, 음식 나눠 먹기처럼 충족시키면 기분이 좋아지는 하나의 행동이다. 예술은 생존에 도움이 되기 때문에, 다시 말해 그것이 없을 때보다 있을 때 더 잘 생존하도록 도와주기 때문에 하는 행동이다. 무상의 놀이, 그런 건 없다. 놀이는 칼로리를 몹시 소비하는 행위다. 이런 행위를 약삭빠른 인간이 거저 할 리는 없다. 대개의 인간은 이코노믹 애니멀이다. 적어도 수십만 년을 그렇게 살아왔다.

놀이도 공부다

놀이는 사냥만큼이나 에너지를 소모하는 고비용 지출 행위다. 비용도 비용이지만 까딱하면 다치기도 십상이다. 재미 나는 골에 범 난다던가. 놀이에 넋을 뺏기면 포식자의 공격에 취약해질 수 있다. 그러나 동물들은 생존 가능성을 줄여 가면서까지 논다. 생존의 위험성이라는 비싼 비용을 지불하면서까지 동물들이 놀이에 열중하는 것은 왜일까? 놀이에 어떤 이득이 있어서는 아닐까?

혹자는 놀이를 일종의 시뮬레이션으로 보기도 한다. 먹이를 찾고, 적을 공격하고, 도망을 가고, 짝짓기를 하는 기능을 동물들이 유희로부터 연습한다는 것이다. 비유하자면 놀이는 일종의 '민방공 훈련'쯤 되겠다. 잘 노는 동물은 적의 공습으로부터 더 안전하게 자신을 보호한다는 이야기. 실제로 아이들의 놀이를 보면 대부분 전쟁놀이다. 어떤 액션을 취해야 나를 살리고 나의 동료들을 살릴지 아이들은 놀이를 통해 배운다.

간혹 코피가 터지고 욕설이 난무하기도 하고, 애들 싸움이 어른 싸움으로 번지기도 하지만, 동물의 유희에는 이산가족의 아픔도 없고, 핵폭탄 투하 같은 대량 살육도 없다.

놀이에는 지켜야 할 규칙, 즉 룰이 있다. 룰을 지키지 않으면 놀이는 끝난다. 아마추어 레슬링에서 눈알 찌르기, 팬티 벗기기, 낭심 걷어차기, 포크로 이마 가격하기를 했다가는 선수 자격 박탈이다. 동물의 유희에서도 마찬가지다. 놀자고 하는 장난에서 생식기를 물어뜯는다면 죽음을 각오해야 한다. '이거 장난이 아닌데'라고 하는 순간 살기殺氣가 작동된다. 살기가 작동되면 놀이고 뭐고 상황 끝이다. 급기야는 경찰이 출동되기까지 한다. 어디에나 훌리건은 있다. 놀이가 난동으로 바뀌는 건 순식간이다. 수많은 폭력이 놀이판에서 발생한다는 사실을 기억하자.

놀이의 룰이 너무 엄격하면 재미가 없어진다. 동네 축구에서는 오프사이드가 없고, 동네 야구에서는 도루가 허용되지 않는다. 왜? 룰을 탄력적으로 적용하지 않으면 놀이에 활기가 없어지기 때문이다. 그러나 지나치게 룰을 느슨하게 적용하면 축구가 핸드볼이 되고, 농구가 럭비가 되고 만다. 꼬마들에게는 꼬마들의 룰이 필요하고, 선수들에게는 선수들의 룰이 필요하다. 잘 아시는 선수가 왜 그러실까? 선수는 선수답게!

룰은 지켜져야 한다. 그러나 너무 엄격하게 지켜져서도 안 되고, 너무 느슨하게 적용되어서도 안 된다. 왜? 그랬다가는 재미가 사라지기 때문이다. 놀이의 기능이 뭔지에 대해선 좀 더 궁리해 봐야 알겠지만 어쨌든 놀이는 즐거움을 수반하는 행위임에는 틀림이 없다. 관람료가 아깝지 않은 영화라면 괜찮은 놀잇감인 셈이다. 본전 생각나면 놀이도 아니다. 재미가 없으면 놀이도 없다. 이것이 흥행의 제1법칙이다.

블롬보스 동굴의 교훈,
곳간이 차야 예술이 난다

블롬보스 동굴Blombos Cave과 관련해서 네이버 사전은 다음과 같은 사실을 알려준다.

남아프리카공화국 서던케이프Southern Cape의 석회암 절벽에 있는 동굴이다. 이곳은 나사리우스조개로 만든 7만 5천 년 된 목걸이와 추상적인 그림이 조각된 황토, 그리고 약 8만 년 된 뼈로 만든 도구 등으로 유명해진 고고학 발굴 현장이다. 사람들이 조개를 잡고 어쩌면 물고기까지 잡았을 것이라는 초기의 증거들이 이곳에서 발견되었고, 그 연대는 약 14만 년 전으로 추정된다. 이런 발굴물들은 중석기 시대 사람들도 현대인들처럼 지적인 방법으로 행동하였으며, 적어도 8만 년 전에는 말로 하는 언어의 이점을 알았다는 것을 알려준다.

내가 말하고 싶은 것은 하고많은 장소도 있는데 하필이면 남아프리카의 해안가에 있는 동굴에서 정교하게 가공된 석기들과 장

신구들이 수두룩하게 발견되었느냐 하는 점이다.

결론부터 말하자면 도구와 장신구 같은 예술품들은 여가와 잉여의 산물이었고 허영의 산물이었다는 점이다. 쉽게 말해 양식이 풍부하고 시간이 남아돌지 않았다면 기술이고 예술이고 없었을지도 모른다는 이야기다. 기예, 즉 기술이나 예술은 절박함의 산물이었다기보다는 여유의 산물이었다는 말도 되겠다.

사냥과 채집 등 다른 호모 사피엔스 같았으면 식량 구입에 엄청난 비용과 노력을 쏟아부었어야 했지만 해안가라는 환경은 먹거리의 압력으로부터 상대적으로 자유로울 수 있었다. 더구나 포식자들도 사바나 밀림보다는 적었다. 동굴 입구에 장작불이라도 하나 피워 놓으면 해안에 야간 정찰을 나왔던 배고픈 포식

자들도 얼씬하지 않았다. 먹이 풍부하겠다, 포식자들로부터 안전하겠다, 이래저래 시간이 남아돌았다. 이 펑펑 남아도는 시간에 우리의 호모 사피엔스는 동굴을 공방과 연구실로 삼았다. 그들은 부지런히 돌을 갈아 석기를 다듬고 조개에 구멍을 내고, 이것을 다시 돌에 갈아 장식품을 만들었다. 도구는 먹고살기 위한 방편이었고, 장신구는 연애를 위한 방편이었다. 번식 이득을 위해서 치장은 당연한 투자였다. 예나 지금이나 조금 먹고살 만하면 허영심이 슬쩍 발동하는 존재가 인간이다. 그러나 그 허영도 따지고 보면 번식을 위한 생물학적 투자였던 셈이다.

금강산도 식후경! 어쨌든 배를 채우고 나서야 예술이고 예절이다. 곳간에서는 인심만 나는 게 아니라 예술도 난다.

모방하라, 두려움 없이

　인간과 동물의 결정적 차이는 요리를 하느냐 하지 않느냐의 차이가 아닐까. 레시피가 있으면 인간, 없으면 동물, 이런 식! 무작정 먹어치우다 어떻게 먹을까를 고심하게 되었을 때, 동물은 비로소 '문화'라는 타이틀을 얻게 되었을 것이다. 풀을 뜯는 초식 동물은 김치를 해 먹거나 샐러드를 해 먹지 않는다. 어떻게 먹느냐에 관심이 없기 때문이다. '무엇'은 동물의 영역이고 자연의 영역이지만 '어떻게'는 인간의 영역이고 문화의 영역이다. 짝짓기는 동물들도 하지만 '어떻게'에 비상한 관심을 가진 존재는 역시 인간이다.

　동물들도 '어떻게' 먹는지에 관심이 있다는 것을 보여준 동물은 역시 똑똑하기로 정평이 나 있는 원숭이 '이모Imo'였다. 1953년 9월 일본 고시마幸島에서 살던 18개월 된 암컷 원숭이, 이모는 연구자들이 준 고구마를 개울물에 씻어 먹기 시작했고, 59년에는 이 행동이 새로 태어난 새끼들을 중심으로 무리 전체에 퍼졌다. 씻어 먹기는 아주 원시적인 레시피라고 할 수 있다. 경탄할 만한 일은 원숭이들이 타자를 모방했다는 사실.

모방은 문화의 핵심이다. 물을 손으로 받을 때의 움푹한 손바닥 모양을 모방하여 스푼을 만들고, 음식을 집을 때의 손가락을 모방하여 젓가락을 만들고, 솔개를 모방하여 연을 만들고, 거북이의 딱딱한 등을 모방하여 방패를 만들고, 맹수의 송곳니와 발톱을 모방하여 칼과 창을 만들지 않았을까. 우리가 쓰는 언어는 어머니의 입과 입술 모양을 열심히 따라 한 결과다. 따라 하지 않는 원숭이, 고집 센 원숭이, 나는 내 고구마를 절대 물에 씻어 먹지 않겠다는 신념으로 무장한 원숭이는, 계속 원숭이로 살 수밖에 없다. 주위를 잘 살펴보자. 고집, 융통성 없음, 기계적 반복은 하급 동물의 중요한 특징이다. (동물의 세계에 위계가 있다는 것을 암시하는 이런 표현을 부디 용서하시길.)

> **유경하** 인간은 단순한 모방에 그치지 않는다. 모방에 이유가 있어야 한다. 어머니의 젖꼭지를 본떠 만든 젖병의 젖꼭지의 모양이 천차만별이라는 것을 아이를 키우면서 알았다. 하물며 같은 모양의 젖꼭지라도 젖이 나오는 구멍을 아래위로, 가로로, 열십자로, 둥글게 뚫어 놓는 방법에 따라서 아이들의 호불호가 극명하게 갈리는 것을 보았다. 모방에도 과학이 필요한 것이다. 만약 원숭이가 고구마를 씻어 먹을 때 단순한 '따라 하기'가 아니라 '위생을 위해서' 또는 '순수한 고구마의 맛을 즐기기 위해서'라는 이유를 가질 수 있다면 과연 진화의 자격이 있다 할 수 있을 것이다.

> **김보일** '바이오미메틱스(Biomimetics)'라고 '생체 모방 과학'도 있습니다. 박정희를 모방하는 전두환도 있지요. 아마도 카다피를 모방하려는 자들도 생길지 모르지만 그의 안녕은 보장할 수가 없겠지요. 그러고 보니 "두려움 없이 모방하라"는 선동은 매우 위험하기 짝이 없고 무책임한 발언이군요…….

강창래 글쎄요, 뭐, 제 생각에는 그게 보일 샘의 생각 그대로이기만 하다면 책임을 다 지신 거라고 봅니다. 그것이 틀릴지도 모른다거나, 나중에 좀 바보스러운 것으로 밝혀진다거나, 보일 샘의 말을 듣고 미친 사람이 생긴다거나, 그런 건 보일샘의 책임이 아니지 않을까요? 말하는 사람의 책임은 자기 자신에게 얼마나 진실된가, 그것이 가장 중요하고 큰 책임이라고 생각합니다. 아무리 생각해도, 다른 사람들의 말도 들어보고 공부해 보았는데, 내가 보기에는 그래, 그렇다면 책임은 웬만큼 다하신 거라고 봐야 하지 않을까요.

강철 그런데 그 모방은 유전자 속에 각인되지 못합니다.

김보일 문화 속에 심어진 유전자를 '밈'이라고 하는 거겠죠.

강창래 차이는 유사성의 그림자. 흉내는 흉내일 뿐이라는 말이 사실은 대단한 가능성을 드러내고 있어요. 만일 흉내가 흉내의 대상과 정확하게 같은 것이라면 정말로 흉내는 흉내로 끝날 테니까요. 그러나 흉내는 흉내일 뿐이라서 차이가 생기는 것이고, 그 차이가 이 세상을 지루하지 않게 만드는 것이 아닐까 싶어요. 그런데 '밈'이 유전자에 각인되지 못한다는 생물학자들의 설명은 요즘 꼭 그렇지 않을지 모른다는 쪽으로 이야기되는 것 같은데요. 제 말은, 생물학자들이 알게 된 것은 유전자에 대해서 아는 것보다 모르는 것이 더 많다는 것을 현대에 들어서야 좀 더 제대로 알게 된 것 같다는 겁니다.

김보일 구비 문학에서 완벽한 기억력으로 남에게 들은 이야기를 그대로 전달하면 수없이 많은 버전의 이야기들이 생겨나지 않았겠죠. 인간이 완벽한 모방 능력을 갖지 못했다는 것은 저주가 아니라 축복이겠죠. 덜 완벽한 모방 능력이 창래 님께서 말하는 차이를 생성했을 겁니다. ^^

강창래 음…… 어떻게 아셨는지요? ㅋ 제가 아주 좋아하는 책 가운데 하나가 월터 옹이 쓴 『구술 문화와 문자 문화』라는 것을. 저는 그 책이 너무나 재미있어서 몇 번이나 읽고도 또 기회만 나면 뒤적거립니다. 번역은 좋다고 말하기 어려워서 아쉽긴 하지만요.

강철 밈이라는 것은…… 글쎄요, 도킨스가 제안한 아이디어일 뿐이라고 생각합니다. 그나마 그다지 새로울 것도 별로 없어 보입니다. 부르디외의 문화적 자본같이 그것이 대물림되는 어떤 것으로 볼 수 있지만 그게 진화와 무슨 상관이 있는지는 규명된 바 없습니다. 그리고 센트럴 도그마*가 한때는 진화의 커다란 이슈였던 적은 있지만 지금은 많이 약화되고 있는 거 같더군요.

강창래 과학이라는 것이 가설에서 출발하는 것이고, 그 가설들은 억지스럽게 증명된 경우도 많지 않나요? 현대의 위대한 과학자들, 뉴턴이나 멘델에서도 그랬고요. 의학이나 생물학에서도 그런 경우가 많은 것으로 압니다. 『과학을 배반하는 과학』을 보니 많이도 그랬더군요. 언젠가 제 아이가 지킬 박사와 하이드가 나왔던 시절에 생체 실험이 있었느냐고 묻더군요. 아마도 19세기 말이 아니었을까, 싶은데 그 당시라면 이제 겨우 해부학이 의대의 기본 과목으로 편입되고, 외과술이 좀 자리잡을 때였는데 소설에서는 인체실험에 대한 이야기가 나오거든요. 저는 과학에서도 상상력이 중요하다는 이야기를 했어요. 물론 증명되지 않은 것을 일반화하고 '과학'이라고 말하기 어렵겠지만 어디까지가 과학인가, 하는 것도 쉬운 문제는 아니라고 봅니다. 말씀대로 센트럴 도그마에 대해서도 그렇다고 보고요. 인간이 어디에나 적용되는 원리라고 믿을 만한 것을 아는 건 그리 많지 않다고 봅니다. 다만 저로서는 과학자가 아니어서 매우 전문적인 내용과 설명은 어차피 제대로 이해할 수 없는 게 문제라고는 생각합니다. 그래서 이런 정도로 편하게 이해하고 있는 것인지도 모르지요.

*센트럴 도그마
유전 정보가 전달되는 분자 생물학의 일반 원리.

모방은 언제 가장 잘 일어나는가

아리스토텔레스는 '시학'에서 말한다. "아주 보기 흉한 동물이나 시체의 형체처럼 실물을 볼 때면 불쾌감만 주는 대상이라 하더라도, 그것을 지극히 정확하게 그려 놓았을 때는 보면서 쾌감을 느낀다." 말인즉슨 모방은 쾌감을 준다는 이야기다. 실제에 방불彷彿하는, 거의 실제와 흡사하게 그려 놓은 산수화나 인물화를 보면 사람들은 즐거워한다. 정치인이나 연예인의 목소리를 거의 흡사하게 흉내 내는 성대 모사를 봐도 사람들은 즐거워한다. 남을 재밌게 하려는 개그맨들의 필수 아이템이 모방 능력이라는 것은 두말하면 잔소리다.

모방을 잘하면 배우자 시장(짝짓기 시장)에서 유리한 고지를 점령할 수 있다는 사실을 알고, 모방 능력 연마에 힘썼던 우리의 선조들은 그것을 몰랐던 선조들보다 더 뛰어난 적응력을 보였을 것이 분명하다. "어쩜, 이걸 당신이 그렸단

말이야. 진짜 물소 같잖아. 자기 최고"라는 칭찬을 들었던 알타미라 동굴벽화의 제작자는 배우자 시장에서 상당한 인기를 누렸을 것이다. 사회적 인기, 명망처럼 훌륭한 보상이 또 어디 있을까. 이 보상을 얻기 위해 우리의 선조들은 불철주야 모방 능력을 향상시켰을 거란 이야기.

선생이 구구단을 외면 아이들도 따라 한다. 이때 잘 따라 하는 아이가 두둑한 상을 받는다. 잘 따라 하지 못하는 아이는 교실 뒤에서 손을 들고 서 있어야 할 위험도 있다. 훌륭한 모방 행위 뒤에는 '입으로만 하는' 칭찬은 물론 물질적 보상까지 주어질 수도 있다. 칭찬은 고래를 춤추게 하지만 어떤 칭찬은 아이로 하여금 밤을 새우게도 한다. 오, 인정받고 싶은 인간의 욕망이여. 아무튼 두둑한 보상이 주어질수록 모방 행위는 강화된다. "나는 네가 좋아하는 일이라면 뭐든지 할 수가 있어." 타자, 배우자감으로부터의 인정과 칭찬은 모방 강화에 최고의 기폭제다.

능력도 없는 것이 힘센 놈을 모방하다가는 개죽음을 당할 수도 있다. 힘센 놈은 지위를 과시하기 위해 카드를 팍팍 긋는다. 내가 이 정도로 파산할 줄 아느냐는 힘의 과시다. 나는 이 정도를 지출하고도 끄떡없다는 일종의 '값비싼 신호'다. 배우자 시장에서 이 신호는 종의 적응력을 살피는 유효한 지표로서 활용된다. 공작새의 꼬리가 그렇다. 공작새의 화려한 꼬리는 '나 이런 거추장스런 무늬를 가지고도 거뜬하게 살 수 있다'라는 과시적인 시위이다. 그러나 힘도 없는 것들이 이를 따라 하다간 맹수의 밥이 되기 십상이다. 없는 놈이 있는 놈을 줏대 없이 따라 하다간 파산의 운명에 몰릴 수밖에 없다. "이놈!" 동자승이 큰스님을 생각 없이 따라 하다가는 죽비로 머리통을 호되게 맞을 수도 있다. 뱁새가 황새를 따라가려면, 먼저 스트레칭부터 열심히 해야 한다는 이야기. 그렇지 않으면 가랑이만 고생이다.

부적합한 자도 살아남는다

적합한 자가 살아남는다는 진화론의 '적자생존'은 애완동물을 말할 때 있어서는 무용지물이다. 애완동물은 생존에 적합해서 살아남은 것이 아니다. 애완동물은 생존에 부적합한 형질을 장착해도 살아남는다. 생존에 부적한데도 살아남는다? 이상하지 않은가. 자연은 생존에 부적합한 개체를 도태시키지 않던가. 왜 이런 일이 생겼을까? 답부터 말하면 인간의 개입 때문이다. 자연이 부적합하다고 도태시켰을지도 모를 개체를 인간이 선택했기 때문이다. 더 정확히는 부적합한 형질을 인간이 조작하고 만들어 냈기 때문이다. 설명이 추상적으로 흘렀다. 제임스 서펠의 『동물, 인간의 동반자』(윤명애 옮김, 들녘, 2003)라는 책에서 그 구체적 실례를 빌려 오자.

불도그와 카발리에 킹 찰스 스패니얼의 튀어나온 눈은 건조해지기 쉽고 다치기도 쉽다. 이들의 납작한 얼굴은 호흡 곤란과 치아 질병을 유발한다. 재미있고 사랑스러운 표정을 갖게 해 주는 얼굴의 주름들 속에는 박테리아가 자리 잡기 쉬워 심각한 전염병에 걸리는 경우가 많다.

불도그와 카발리에 킹 찰스 스패니얼의 튀어나온 눈과 납작한 얼굴은 호흡곤란과 치아 질병을 유발하기 때문에 그들의 자연 적응력을 감소시키지만 그럼에도 불구하고, 그 형상이 인간에게 재밌고 사랑스럽다는 이유로 불도그와 카발리에 킹 찰스 스패니얼의 복지와 상관없이 선택되었다는 것이다.

작물과 애완동물과 가축은 인간 선택의 산물이다. 살이 많이 찌는 돼지는 생존에 불리해도 돈육업자들은 바로 그 불리함을 선택한다. 작물에 있어서도 얕게 뿌리를 내리는 식물 종보다는 깊게 뿌리를 내리는 식물 종이 생존 경쟁에 유리하다. 그런데 어떤 야생종 식물이 작물의 지위를 얻는 순간, 다시 말해 인간으로부터 보호금과 지원금을 받는 순간부터 뿌리 뻗기를 소홀히 한다. 야생 잡초들이 얼씬대면 인간이 솎아 주기 때문에 그들과 불필요한 경쟁을 하지 않아도 되기 때문이다. 그러다 보니 작물들은 얕게 뿌리를 내린다. 이렇게 얕은 뿌리의 작물들은 큰 바람이 불면 쓰러진다. 그러나 엎어져 죽는 시늉을 하고 있으면 자비로운 농부들이 알아서 일으켜 세워 주신다. 그러므로 작물들은 뿌리로 투자하는 비용들을 모두 낱알 생성에 투자한다. 인간의 기쁨을 독차지하기 위해서다.

"이제 좀 그만 내버려 둬."

애완동물은 대개 작고 귀엽고 어려 보인다. 그 귀여움은 여러 종류들을 교배하면서 얻어진, 인위적 결과이지 자연적 결과는 아니다. 애완동물의 역사에서 무위자연(無爲自然)의 이념은 무효하다. Let It Be. 내버려 뒀으면 불도그와 카발리에 킹찰스 스패니얼과 같은 얼굴은 생겨날 수 없다는 말이다. 저 귀여움은 인간이 만들어 낸 것이지 자연이 만들어 낸 것은 아니다.

> **이진우** 형, 돌연변이가 진화의 방향에 끼친 영향을 생각해 보면 부적자생존의 법칙도 적자생존만큼 중요하지 않을까?

> **김보일** 자연에서의 부적자도 인간에게는 적자라고 생각하면 돼요.^^ 이런 상상도 가능해요. 우주인이 지구를 지배하게 되면 우주인에게 귀염받는 인간이 살아남게 돼요. 인간성, 휴머니티 같은 것은 필요 없어요. 우주인에게 어필할 수만 있으면 되죠……. 만약 우주인이 육손이를 좋아하면 육손이가 살아남게 되겠죠. 우주인의 취향대로 질서가 바뀔 거예요……. 지금 지구를 좌지우지하는 우주인은 바로 지구에서 온 우주인이랍니다. ㅎㅎㅎㅎ 인간 선택에 있어서는 누이 좋고 매부 좋고가 없죠. 매부만 좋은 거예요. 물론 누이에게 물어볼 수 없으니 뭐라 콕 집어 말하기 힘들지만요…….

주인과 개도 닮는다

뚱뚱한 아버지에 뚱뚱한 아들, 깡마른 아버지에 깡마른 아들, 이런 조합은 낯이 익다. 부자지간에는 외모도 체형도 비슷하다. 누가 봐도 유전자 탓이다. 그런데 유전적으로 아무런 연관이 없는 부부도 닮는다. 오래 같이 살면서 같은 음식을 먹고, 같은 희로애락을 경험하면 생김새나 분위기도 비슷해진다고 한다. 뭐, 그럴 수도 있다고 생각한다.

여기서 대담한 가설을 세워 보자. 주인의 소유물은 주인을 닮는다. 술에 자주 구겨지는 사람의 지갑은 **빳빳함**을 유지하기 어렵다. 그 속의 현금도 구겨져 있기 십상이다. 외모가 구질구질한 사람의 방도 주인을 닮는다. 그 방 안을 들여다보면 켜켜이 쌓인 먼지에 잡동사니가 산더미다. 반대로 깔끔한 성격을 가진 주인들의 소유물들은 대체로 깔끔한 외양을 지닌다. 구두코는 빛나고 뒤축은 멀쩡하다. 적어도 소유물들은 주인의 외양을 닮는다고 할 수 있다.

　여기서 한발 더 나간 가설 하나를 세워 보자. 개도 주인을 닮는다. 개와 인간의 DNA는 달라도 한참 다른데 이 무슨 뚱딴지같은 소리냐고 반문할지 모르지만 어떤 한심한(?) 과학자들은 이런 쓸모없는(?) 가설을 증명하는 데에 고귀한 시간과 비용을 할애한다. 과학자의 위대함은 바로 쓸데없어 보이는 것에 엄청난 에너지를 낭비한다는 그 비효율에 있다. 할 헤르조그의 책, 『우리가 먹고 사랑하고 혐오하는 동물들』(김선영 옮김, 살림, 2011)에 나오는 내용을 조금 각색해 보자.

　사진에 보이는 개 이름은 핏불테리어이다. 핏불! 피가 불처럼 튀는 느낌이다. 한마디로 성질 더럽게 생겼다. 이런 개들은 어떤 주인에게 어울릴까. 감옥에서 문신을 하고 나온 오토바이족들이다.

위의 사진 속의 호리호리한 개는 아프간 하운드다. 이런 개를 끌고 거리를 활보하는 늘씬한 모델을 본 적이 있는가?

개가 주인을 닮는다는 이 대담한 가설의 증명에 도전한 학자는 브리티시컬럼비아 대학의 심리학자이자 개 전문가인 스탠리 코렌. 코렌은 만약 사람들이 자기와 닮은 동물에 끌린다면 귀가 드러날 정도로 머리가 짧은 여성은 귀가 쫑긋한 허스키나 바센지 같은 품종을 선호할 것이고, 머리가 긴 여성들은 비글이나 스패니얼 같은 품종을 선호할 것이라고 예측했다. 이 예측은 적중했다. 개와 주인의 유사성이 확인되는 순간이었다.

연구자들은 개와 주인이 닮는 데는 두 가지 이유가 있을 것으로 생각했다. 먼저 수렴설. 부부가 해가 갈수록 닮아가듯 오래 살다 보면 주인과 개가 비슷해진다는 사실이다. 비만인 사람의 개가 비만일 확률은 그렇지 않은 경우보다 높겠다. 개와 주인은 한 솥밥 식구食口 아닌가.

다음은 선택설. 우리가 무의식적으로 자기와 닮은 애완동물을 선택한다는 사실. 이 가설이 사실이려면 잡종보다는 순종인 개가 닮은 경우가 많을 것으로 예상했다. 이유는 잡종 강아지의 경우 어른이 되었을 때 생김새를 예측하기 힘들기 때문이다.

가설은 검증을 요구한다. 연구팀은 공원에 나가 주인과 개의 사진을 따로따로 무작위로 찍었다. 그리고 대학생들에게 사진을 주며 주인과 개를 짝짓게 했다. 대학생들은 순종견과 주인을 3분의 2 정도 맞추었다. 선택설의 예상대로 주인과 잡종견 맞추기는 그리 성공적이지 못했다.

오랜 진화의 역사에서 자기와 비슷한 것을 고르는 능력은 선택의 이득을 안겨 주었을 것이 분명하다. 비슷한 종과 짝을 해야지, (우리나라 욕들을 상기해 보라) 그렇지 않으면 별별 욕을 다 들어먹었을 것이고, 유유상종類類相從, 비슷한 사람끼리 어울려야지, 마당쇠가 마님댁 아가씨를 넘봤다가는 '근본도 없는 것'이라고 곤욕을 치러야 했을 것이 분명하다. 주위를 보라. 락을 좋아하는 사람들은 락을 좋아하는 사람끼리, 트로트를 좋아하는 사람들은 트로트를 좋아하는 사람끼리 어울려야 분란이 적다. 분란을 줄이려면 각자의 취향을 존중해 주는 것이 마땅히 필요하겠지만 내 취향대로 타인을 동화시키려는 제국주의적 욕망 또한 버리기가 힘들다.

 어디선가 읽은 기억이 있는 구절이 떠오른다. 어떤 철학자가 했던 말도 같다. "딱히 끌려야 할 이유가 없는 것을 좋아하는 것이 자유다." 맞는 말이다. 염소가 풀을 좋아하는 것은 본성이지 자유가 아니다. 왜? 그건 염소의 본능이 선택한 것이지 염소의 의지가 선택한 것이 아니기 때문이다. 락을 좋아하는 사람은 트로트에 끌릴 이유가 없다. 그러나 이유는 만들면 된다. 나의 파트너가 트로트를 좋아하지 않는가. 그녀를 위해서라면 내가 뭔들 못 할까, 하는 비장한 각오로 트로트를 울며 겨자 먹기 식으로 계속 듣다 보면 어느 날 트로트가 좋아질지도 모르는 일이다. 이런 식으로 부부가 같은 취미를 공유하는 취향의 공동체가 되면 사는 재미가 쏠쏠하겠다. 그러나 백날 트로트를 들어도 짜증만 난다면, 그 밑에 있는 아이들만 고역이다. "엄마, 아빠, 대체 왜 들 이러셔요. 내가 미쳐." 제발 이 가여운 자식들이 제 취향과 비슷한 짝을 만나기를 기원하자. 혼자 하는 것보다 둘이서 즐기면 더 재미있지 않겠는가. 동고동락!

우스꽝스럽게 생긴
닥스훈트의 말 못 할 고민

할 헤르조그의 책, 『우리가 먹고 사랑하고 혐오하는 동물들』은 왜 불도그의 얼굴이 험하게 일그러졌는지를 설명한다.

혈통 있는 개들은 유전병에 걸리기 쉬운데, 그 이유는 여러 가지다. 몇 가지는 고의적 선택으로 신체적 기형이 일어난 결과다. 가장 좋은 예가 불도그다. 혈통 보존을 위해 불도그 주인들은 사나운 수소의 코를 단단히 물어뜯기 위해 태어난 이 동물을 가정용 애완견으로 바꾸려 했다. 이를 위해 활동성과 호전성보다는 유순함을 살려 인위 선택했다. 거대한 머리와 눌린 듯한 얼굴은 유행이 되었다. 이러한 생김새는 연골 형성 이상증chondrodysplasia이라고 부르는 골기형을 가져왔다. 이렇게 해서 불도그는 머리와 얼굴이 비틀리면서 어미가 산도를 통해 새끼를 낳지 못하게 되었고, 호흡이 힘들고 코를 골며 수면무호흡증을 앓게 되었다.

쉽게 말해, 불도그의 여러 종자(변이형) 중에서 병적인 종자를

인간이 선택하여 교배한 결과가 오늘날의 불도그라는 설명이다. 건강한 종자 놔 두고 왜 하필이면 병적인 종자를 골랐을까. 바로 그 병적인 일그러짐, 우스꽝스러움 때문이다. 우스꽝스러움 때문에 인간에 의해 선택된 종자에는 닥스훈트라는 개도 있다. 이 개의 생김은 영락없이 리무진이다. 허리는 길고 다리는 짧다. 그 모습이 우스꽝스럽다. 닥스훈트의 불균형적인 체형은 척추를 악화시킨다. 척추의 악화는 적응력을 감소시킨다. 자연계의 서바이벌 게임에서 이런 체형으로 살아남기를 기대하는 것은 무리다. 그러나 인간이 개입하면 안 될 것이 없다. 불도그가 수면무호흡증을 앓든 말든, 닥스훈트가 척추의 고통을 호소하든 말든 인간은 상관하지 않는다. 애완동물은 재밌으면 그만일 뿐이다. 이것이 애완동물을 대하는 인간의 심플한 논리다. 불도그와 닥스훈트에 와서는 '개팔자가 상팔자'라는 말은 수정되어야 옳다. 따지고 보면 개도 애로사항이 이만저만이 아니다.

차이, 너와 내가 존재하는 방식

쇼펜하우어가 말하는 표상은 쉽게 말해 머리에 떠오르는 어떤 이미지 같은 것이다. 우리는 있는 그대로의 실재를 머릿속에 떠올린다고 생각하기 쉽지만 실제로는 우리가 욕망하는 것, 의지하는 것을 떠올린다. 세계는 관광업자의 머릿속에 관광 지도로 표상되고, 광물업자의 머릿속에는 광물 지도로 표상된다. 존재는 있는 그대로의 세계를 감각하는 것이 아니라, 내가 필요한 것, 내가 의지하는 것만을 감각한다. 옆의 지도를 보라. 감각된 결과, 즉 표상은 인간의 욕망과 의지의 반영이지, 실재의 반영이 아니다. 지도는 인간의 욕망을 모방하지 세계를 모방하지 않는다.

인간의 가청 주파수는 16Hz에서 20000Hz. 6Hz 미만의 소리도, 20000Hz 이상의 소리도 실재하지만 인간에게는 없는 것과 같다. 우리가 보는 세계는 실재 그대로의 세계가 아니라 우리의

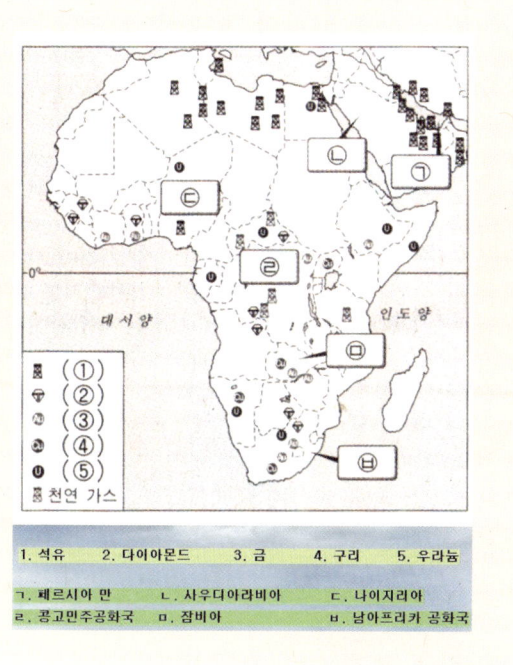

눈에 비친 세계라는 것! 내 눈에 비친 세계를 절대유일의 오리지널한 원본이라고 하는 데서 비극은 시작된다. '각인각색'이란 말을 표구해서 걸어 놓고 마음에 새길 것까진 없지만 충분히 음미해 볼 구석은 있는 말이다. 차이, 그것이 너와 내가 존재하는 방식이다. 사랑은 서로의 차이를 인정하는 너그러움이 아닐까? 그러나 차이를 좁히려는 것도 사랑이 아니라고 할 순 없다. 그다지 좋아하지 않는 와인을 네가 좋아한다는 이유만으로 즐거운 표정으로 마셔 주다 보면 언젠가는 와인에 대한 화학적 취향이 너와 같아질 수도 있다는 사실.

자유 의지에 관한 환상

마르틴 후베르트의 『의식의 재발견』(원석영 옮김, 프로네시스, 2007)에서 6장을 읽는다.

1952년 미국의 연방최고재판소는 결심 판결에서 이렇게 공표한다.

"실수를 비난할 수 있는 과실에 대한 비난의 내적 근거는 인간이 자유롭고 책임 있는 존재이며, 도덕적인 자기규정을 목표로 하는 존재이기 때문이다."

인간은 과연 자유로운 존재일까? 인간은 자신의 행동을 기획하고 주관하는 명민한 주체일까? 많은 인문학자들이나 피고인에게 구형을 하는 검사들은 그렇다고 대답하고 싶겠지만 현대 뇌과학은 불행하게도 부정적인 답변을 보강해 줄 수 있는 사례들로 가득하다. 한마디로 인간은 제 자신의 행동을 좌우할 만한 주체가 못 된다는 사실! 그 몇 가지만 정리해 보자.

"손을 들어라!" 보스턴의 하버드 의학전문 대학원에서 과학에 기여하고자 했던 피실험자들이 따라야 했던 요구였다. 이때 신경 과학자인 파스쿠알-레온Alvaro Pascual-Leone을 중심으로 한 연구팀은 심술궂게 피실험자들이 전혀 모르는 자극을 추가했다. 두개골을 통과하는 자기 자극을 통해 그들의 두 반구 중 하나에 자기장으로 자극을 가했다. 그 결과 자기 자극이 없을 경우, 보통 오른손잡이들의 60퍼센트가 오른손을 든다. 그런데 실험에서 오른손잡이들의 좌뇌, 즉 오른손을 관장하는 좌뇌에 자기 자극이 가해지자 그 비율이 80퍼센트로 올라갔다. 자기 자극은 분명히 그들의 의지에 영향을 끼쳤다. 그런데 놀랍게도 피실험자들은 자신들이 자유롭게 결정했다고 확신했다.

'단추 하나를 손가락으로 눌러라!' 드레스덴의 심리학 교수인 토마스 고쉬케Thomas Goschke를 중심으로 한 연구팀의 피실험자들은 이런 요청을 받았다. 이 실험은 내용과 연관된 자극을 통해 피실험자들에게 영향을 미치고자 하는 것이 목적이었다. 고쉬케는 두 개의 단추가 있는 키보드가 놓인 책상 앞에 피실험자들을 앉혔다. 왼쪽 단추를 누르든 오른쪽 단추를 누르든 그것은 피실험자들의 자유의사에 맡겼다. 그들이 오른쪽 단추를 누르면, 모니터에 사각형이 나타났다. 왼쪽 단추를 누르면, 마름모가 나타났다. 피실험자들이 오랫동안 인내심을 가지고 이 짓거리에 열중

한 후, 그들이 전혀 지각할 수 없을 정도로 빠르게 마름모와 사각형 그림들을 그들에게 보여주었다. 그 결과 피실험자들이 무의식적으로 마름모를 본 경우, 그들은 마름모를 띄운다는 것을 알고 있던 단추를 평균 이상으로 더 많이 눌렀다. 피실험자들의 뇌는 명백히 무의식적인 신호를 받아들여 그들의 결정에 무의식적으로 참여했다. 그러나 실험 후에 피실험자들은 자신들이 완전히 자유롭게 결정한 것이라고 말했다.

독일 막스플랑크연구소의 존-딜런 헤인스 박사 연구팀은 『과학저널』 온라인판(2008년 4월 13일)에 사람이 의지에 따라 어떤 행동을 하기로 결정을 내리기 10초 전에 뇌는 이미 그런 결정을 준비하고 있음이 실험에서 확인됐다는 논문을 발표했다. 연구팀은 피실험자 14명한테 두 손에 버튼 하나씩을 쥐고서 자기 의지에 따라 버튼 하나를 누르게 하고, 동시에 피실험자들의 뇌에서 일어나는 신경 반응을 뇌기능 자기공명영상fMRI을 통해 관찰했다. 그랬더니 피실험자들이 '내가 어떤 버튼을 누를지 결정했다'고 생각하며 버튼을 누른 순간보다 10초나 먼저 손가락의 움직임을 맡는 뇌 부위에서 신경 반응이 나타났다. 인간의 자유결정 전에 뇌가 이미 그 결정과 관련한 활동을 준비하고 있으며, 우리가 자유 의지에 따라 어떤 결정을 내렸다고 생각하는 시점은 이미 뇌에서 많은 반응들이 있고 난 다음임을 보여준다는 것이다.

존-딜런 헤인스 박사 연구팀의 연구는 사실 새로운 것이 아니다. 이미 1980년대 벤자민 리벳Benjamin Libet이라는 캘리포니아대학 교수의 유명한 실험이 있었다. 당시 리벳 교수는 피실험자들한테 자기 의지에 따라 손가락을 까닥거리게 하고 피실험자의 뇌에서 일어나는 전기 신호 반응을 뇌 전극을 통해 관찰했다. 그는 실험에서 사람이 자유 의지에 따라 어떤 결정을 내렸음을 의식하기 0.3~0.5초 전에 이미 뇌 신경은 그 행동을 할 채비를 하고 있다는 사실을 발견하고는 '자유 의지는 없다'는 가설을 제시했다.

이런 사례들로 자유 의지론의 주장이 결정적 타격을 받은 것만은 아니다. 현실을 말끔하게 설명하기에 과학은 어딘가 어설프다. 더구나 인간이 스스로의 행동을 이끌어 가지 못하는 존재라는 사실은 상당한 감정적 저항을 불러일으킨다. 삼척동자도 제 스스로 옷을 입겠다고 떼를 쓴다. 결정론적 사고 방식으로는 도저히 풀리지 않는 행동들도 볼 수 있다. 진화론적으로 아무런 이득이 없는데도 왜 어떤 이들은 바랑을 지고 떠돌며, 단식을 감행하고, 장좌불와의 면벽수도를 감행할까. 가득한 의문 부호에 비해 느낌표는 부족하다.

고양이 팔자

　장 콕토는 개보다 고양이를 더 좋아하는데, 그 이유는 경찰 고양이를 본 적이 없기 때문이라고 말한 바 있다. 그렇다. 고양이는 명예를 걸고 인간 생활의 그 무엇에도 도움이 되지 않기로 작정한 동물인 것 같다. 양치기 고양이라든지, 사냥 고양이, 장님 길잡이 고양이, 서커스 고양이, 썰매 끄는 고양이 따위는 없다. 있다면 집에서 꾸벅꾸벅 졸거나, 새 가죽 소파를 물어뜯어 반값으로 만들어 버리는 못된 고양이밖에 없다. 효용과 기능을 중시하는 자본주의적 마인드와는 거리가 먼 동물이 고양이다. 쥐가 넘쳐나던 시절에는 어땠는지 모르겠지만 현대적 위생 시설로 주방이나 창고에서 쥐를 찾아보기 어려운 지금, 고양이는 쓸모와는 거리가 멀어도 한참 먼 짐승이다. 잠자다, 하품하다, 발바닥을 핥다, 가죽 소파를 물어뜯다, 녀석은 철철 남아도는 시간을 어떻게 소일할까에만 골몰하는 눈치다. 작은 위를 가지고 태어났으니 먹이를 위해 '진흙 속의 개싸움'을 하지 않아도 된다. 밥그릇을 두고 벌이는 싸움이야말로 더럽고 치사한 치욕의 입구가 아니었던가.

 귀족도 이런 귀족이 없다. 사는 게 무료하다 싶으면 가출도 가볍게 한다. 가고 싶으면 가고 머물고 싶으면 머무는 게 고양이다. 고양이에게는 지켜야 할 가정이라는 게 없다. 죽어라고 집밖에 모르는 개와는 딴판이다. 모셔야 할 상전도 고양이에겐 없다. 상명하복의 위계 질서는 개의 덕목이지 고양이의 덕목이 아니다. 녀석은 태생적으로 자유주의자요 무정부주의자다.

 더구나 그 가뿐한 보행을 보고 있노라면 '유유자적'이란 단어가 마치 이 녀석을 위해 준비된 단어 같다. 도대체 녀석은 바쁠 줄을 모른다. 비즈니스와는 아예 담을 쌓고 지내기 때문이다. 처리해야 할 공문도 없고 결재해야 할 문서도 없다. 마감에 쫓기는 원고도 없다. 있다면 무료한 하품과 쏟아지는 졸음뿐이다.

 세상에 '개고생'이란 말은 있어도 '고양이 고생'이란 말은 없다. '개팔자가 상팔자'라지만 정작은 '고양이 팔자가 상팔자'다. 쥐를 잡으라고 닦달을 하나, 토끼를 뒤쫓으라고 닦달을 하나, 도둑이나 마약 밀수범을 찾아내라고 닦달을 하나, 세상일로부터 초탈한 이 녀석의 팔자를 보고 있으면 은근 부아가 나기도 한다. 더구나 전국에 보신탕집은 즐비하지만 고양이 고기를 선호하는 식도락꾼은 없다. 〈톰과 제리〉에서 영악한 쥐새끼 제리에게 고생을 좀 하긴 하지만 그래도 고양이 팔자만 한 것이 없다. 고양이야, 너 참 좋겠다. 부럽다!

별별 짓거리를 다 배우는 인간

거미는 태어나자마자 집을 짓기 시작한다. 누가 가르쳐 주지도 않는데 거미는 태어났을 때부터 훌륭한 건축가다. 벌도 조기 교육을 받지 않았음에도 불구하고 태어나자마자 제 집을 훌륭하게 짓는다. 쥐는 3주면 부모 없이 혼자서 살아간다. 개도 12주면 모든 것을 혼자서 해결한다. 그런데 어떻게 된 것인지 만물의 영장이라는 인간은 10년 이상의 보살핌을 받아야 한다. 부모를 잘 만난 어떤 유인원들은 20년 이상의 교육을 받기도 한다.

인류학자 테렌스 디콘Terrence Deacon은 이를 퇴화라고 불렀다. 그러나 이런 퇴화 덕분에 인간은, 뇌 자체에 미리 입력된 지시사항이 점차 줄어들고, 교육과 행동에서 문화가 차지하는 비중이 갈수록 늘어났고, 이런 요구에 맞추어 뇌는 점점 커져갔다.(태어나자마자 집을 지을 수 있다면 커다란 뇌는 필요 없다는 이야기.)

누에는 뽕잎만 먹으면 만사 오케이고, 코알라 역시 유칼리나무 잎사귀만 있으면 그만이다. 하지만 인간은 수많은 허접하고 잡다한 것을 먹이로 한다. 그 많은 먹이에 대한 정보를 작은 뇌에 탑재시키는 것은 무리다. 이 무리수를 극복하기 위해 인간은 뇌를 키우고 후천적인 교육에 의존시키는 수를 썼다. (그런데 요즘 아이들은 인터넷 검색 엔진이라는 아주 진보된 방법을 사용하기도 한다. 컴퓨터의 하드디스크는 인간이 발명한 최대의 체외 저장 수단이다.)

예기禮記에 이르기를 '옥불탁불성기 인불학부지도玉不琢不成器 人不學不知道'라 했다. 풀이한즉슨 옥은 쪼지 않으면 그릇이 될 수 없고, 사람은 배우지 않으면 도를 알 수 없다는 말씀. 도道까지 갈 것 없이 사람이 배우지를 않으면 독버섯을 먹이로 취할 수 있다. 독버섯에 대한 어떤 정보도 우리의 유전자 안에 탑재되어 있지 않았으니까 말이다. 우리가 한 잔의 술을 마시는 것도 다 배움이 있기 때문이다. 술도 배우고, 담배도 배우고, 우리는 그 큰 머리통으로 별별 짓거리들을 다 배운다. 인간이 다른 동물에 비해 부모로부터의 양육 기간이 긴 것도 배울 것이 많기 때문이다. 오늘 배우지 않고 내일이 있다고 말하지 말라.

콘라드 로렌츠의 공격성에 관하여

로렌츠의 관찰에 의하면 치명적인 발톱이나 이빨을 가진 동물들이 같은 종의 구성원을 죽이는 경우는 드물었다. 중무장한 동물의 경우, 그들의 자체 생존을 위해서는 자기 종에 대한 공격을 제어할 억제 메커니즘이 필요했고, 그것이 진화 과정에 반영되었기 때문이다. 호랑이의 송곳니와 발톱을 상기해 보라. 단번에 상대방을 쪼아 죽이는 큰까마귀의 날카로운 부리를 상상해 보라. 그런 엄청난 무기를 가지고 싸움이 났을 때, 결과는 최소한 전치 8주 이상이다. 의료 보험도 없는 맹수들로서는 다치지 않으려면 싸움 자체를 억제해야 할 필요성이 있었다.

그러나 토끼나 비둘기, 침팬지는 같은 크기의 동물을 죽이지 못하므로 억제 장치도 필요 없다. 맹수에 비해 솜방망이 주먹을 가진 인간으로서도 자신의 힘만으로 자기의 종을 죽인다는 것은 어려운 일이었다. 서로 주먹질을 한다고 해서 한쪽이 치명적인 부상을 입는 것도 아니고, 한쪽이 죽음에 이르는 것도 아니었다. 주먹질을 해 대면 코피가 나고 눈탱이가 퍼렇게 멍드는 정도였으니, 굳이 싸움을 억제해야 할 필요성이 없었다. 다시 말해서 인간에겐 싸움을 억제해야 할 억제 메커니즘에 대한 진화론적 요구가 없었다.

문제는 사시미칼, 재크나이프, 도끼, 리볼버 등의 살상 무기를 손에 넣게 됨에 따라 인간이 가공할 만한 살상 능력을 지니게 되었다는 사실이다. 자제력이 없는 자에게 흉기가 주어진 셈. 달리 말하면 침팬지의 손에 흉기가 쥐어진 격이었다. 살상 억제 메커니즘은 지니지 못했는데, 기술의 지원에 힘입은 고도의 살상 무기가 손에 쥐어진 것, 이것이 인간의 비극이었다.

버튼 하나만 누르면 로켓포가 발사되는 테크놀로지의 시대에는 직접 죽인다는 죄책감도 사라진다. 나는 버튼을 눌렀을 뿐이지, 사람은 죽이지 않았다는 해괴한 논리가 성립되는 것이다. 게다가 현대전은 전자전. 전자전은 손가락 끝에서 이루어지는 게임이다. 칼을 들었을 때보다 훨씬 죄책감이 덜할 수밖에 없다. 여기에 이념이 더해지면 죄책감은 감쪽같이 증발하고야 만다. 나는 사악한 무리들을 징벌했을 뿐이라는 식이다. 종교는 여기에 비장미를 추가한다. 신이시여, 저들은 저들의 죄악을 모르나이다. 사탄의 무리들아, 독사의 새끼들아. 정의의 칼을 받아라.

유경하 결국 인간에게 살인의 기술을, 살상의 증오를 심어준 것은 '신' 바로 당신이잖소?

김보일 손톱 대신 성능 좋은 칼을, 주먹 대신 강철 뭉치를 장착하고, 눈에서 레이저가 뿜어져 나온다면 지금보다 인간은 훨씬 오손도손 지내는 동물이 되었을 거라는……

유은주 자체 생존을 위해서 자기 종에 대한 공격을 제어할 억제 메커니즘 → 아, 그랬구나! 내 안의 명확해지지 않은 어떤 생각을 집약해 놓은 문장……

강철 진화론은 자연 상태보다는 인간 사회의 상태를 설명하는 데 매우 적합합니다. 적자생존도 동물 생태학의 연구로 인해 거의 사멸되고 있다더군요. 운자생존이 실제에 가깝다고 하더군요……. 본문의 경우처럼 자기 종을 죽이는 경우는 거의 없고 패자의 유전자도 몰래 받아들이는 경우가 대부분이라 사실상 적자생존이라는 개념은 자연에 존재하지 않는다는 겁니다. 사람들, 특별히 논문으로 경쟁하고 있는 학자들 자신의 삶에 잘 들어맞기 때문에 진화론이 선호된다고 말하는 학자도 있지요.

유은주 운자생존…… 누군가의 시평 or 서평에서 본 듯도 한데요. 뭔가 확 깨는 기분입니다. 기술적 진보 또는 시스템의 진화와 인간 상태의 진보, 진화를 헷갈리고 있는 것은 아닌가 싶기도 하네요. 여러 생각을 해 보게 만드는…… 학문하는 동네도 운자생존인 것 같네요. ㅋㅋ 능력 역시 파워집단에 의해 사회적으로 재구성되는 것이고, 공정한 평가시스템마저 부재한 상황에서 말이지요. ㅋ

김보일   http://blog.naver.com/song19742003?Redirect=Log&log No=20107858131 운자생존에 관해선 기독교의 '창조 과학회'에서 엄청난 자료를 보유하고 있습니다. 진화론의 대척점에서 이론을 펴고 있는데 그 반박의 강도와 양이 만만치 않습니다. 진화론과 창조론, 어떤 것이 살아남을지 귀추가 주목됩니다. 적합한 자냐? 운(은혜) 있는 자냐?.

> 유경하   창조론적 진화론, 진화론적 창조론이 살아남겠지. '신이 세상을 창조하셨다'가 아니라 지금도 진화를 통해서 신이 창조를 하는 과정이란 말이지 적자생존이나 운자생존이 아니고 지금도 창조의 한가운데 우리가 서 있다는 논리인데, 어차피 신이 인간을 만들었는지는 인간이 신을 만들었는지만큼 증명하기 어려운 논리인걸~

김보일   인간이 무기를 만든 것은 확실한데, 증오심을 만든 것은 인간인지 신인지 모르겠다. 나는 자연이 만들었다는 데에 한 표.^^ 증오의 메커니즘을 장착하는 것이 우리의 생존과 적응에 유리했을 거란 이야기…… 이크 이거 영락없는 진화론잘세…….

> 유은주   운자생존은 진화론, 창조론의 이분법을 흔드는 지점에 있는 듯한데요. 다른 맥락의 이해가 필요한 듯…….

4부
자연 속의 인간, 세상 속의 동물

"우리가 모르는 게 얼마나 많은지 생각하면
놀라울 따름이네. 내 책에도 취약한 부분이 더 있겠지만
아직까지는 눈에 띄지 않네. 그래도 많이 있을걸세."

― 다윈

나는 과연 가축이 될 자격이 있는가

제레드 다이아몬드는 『총, 균, 쇠』(김진준 옮김, 문학사상, 2005)에서 가축이 되기 위한 여섯 가지 특징을 제시했다. 이 중 하나라도 빠지면 가축 콘테스트 참가 자격은 박탈된다.

첫째, 육식 동물은 가축화하기 어렵다. 주인을 탐낸다거나 동종을 탐내면 가축 자격 탈락. 뱀이나 악어가 가축 자격을 얻지 못하는 것은 이 때문. 분명 밤에 여섯 마리를 우리에 가두어 두었는데 아침에 보니 한 마리만 배가 불룩해져 쿨쿨 자고 있는 모습을 상기해 보라.

둘째, 성장 속도가 빨라야 한다. 고릴라와 코끼리는 자라는 데 15년이 걸린단다. 그때까지 기다려 줄 여유와 참을성이 인간에게는 없다. 기다리지 못하겠으면 인간은 성장 호르몬이라도 먹여서 키운다. 닭의 평균 수명은 20년이지만 인간은 속성으로 키워 두 달도 안 된 닭을 잡아먹는다.

셋째, 정교한 구애 과정이 필요한 동물은 가축이 되지 못한다. 주인이 시키면 시간과 장소를 가리지 않고 번식 작업을 해 줄 수 있어야 한다. 이 점을 고려한다면 인간은 가축으로 가장 부적합한 동물이다.

넷째, 난폭한 성격도 문제가 된다. 주인을 공격하는 것도 문제지만 축사 수리 비용도 문제다. 시도 때도 없이 동료들에게 시비를 거는 것도 문제겠다.

다섯째, 겁이 너무 많아도 문제다. 신경이 예민해 주인의 재채기 소리에도 기절을 한다거나, 주인이 자다가 봉창을 두들기는 소리에도 졸도를 한다면 문제가 아닐 수 없다.

여섯째, 우위 서열을 잘 의식해야 한다. 늑대의 무리에서 갈라져 나온 개는, 오랜 집단 생활 덕택에 권력자의 눈치를 보고 누가 집안의 대빵이고 꼬붕인지 그 서열을 잘도 파악한다. 권력자 앞에서는 배를 뒤집고 벌러덩 누워 아양도 떨 줄 안다. 개가 가축 동물을 넘어 애완동물의 반열에 들어선 것은 당연한 일.

위에서 열거한 이유 중 대략 두 가지 이유 때문에 나는 가축 자격 탈락이다. 지루하지만 그냥 인간으로 살아야 할 것 같다. 여러분께선 어떤 이유로 가축 자격 탈락인지 가늠해 보시길.

동물이 가축이 되었을 때의
이점은 무엇일까

　먼저, 동물이 가축 특별 시민으로 편입되는 순간, 안전한 보금자리를 인간으로부터 제공받는다. 적의 공격에 대비해 스스로 요새를 쌓을 필요도 없다. 거북이처럼 단단한 껍질을 만들 필요도 없고, 꽃게처럼 흉기를 만들 필요도 없고, 사슴처럼 공격용 뿔을 만들 필요도 없다. 전기뱀장어처럼 공격용 전기를 만들 필요도 없다. 야생성을 버리고 가축이 되는 순간 국방비에 대한 지출을 전액 절감할 수 있다. 그러나 불결한 축사에서 똥오줌의 악취를 고스란히 견뎌야 한다. 축사가 좁다고 불평해 봐야 주인은 알아듣지도 못한다.

　둘째, 인간으로부터 먹이를 제공받는다. 스스로 사냥을 하거나 채집을 할 필요가 없다. 사냥에 따르는 위험도 줄어든다. 사냥감인 줄 착각하고 포식자를 건드렸다가 물려 죽는 일도 없다. 채집할 때 가시에 찔리는 부상도 피할 수 있다. 독성이 있는 열매를 먹고 식중독에 걸려 고생할 필요도 없다. 대신 풀을 먹는 초식성 동물인 소는 인간이 주는 곡식을 먹어야 하는 고충을 겪기도 한다. 때론 육질이 섞인 동물성 사료도 먹어야 한다. 잘못된 섭생의 결과 위장이 헐고 가스가 차고 각종 질병에 시달리게 된다. 그러나 지구상에서 생산되는 항생제의 3분의 2가 동물들에게 투여되니 그리 걱정할 일도 아니다. 항생제가 섞인 쇠똥을 먹고 쇠똥구리들이 멸종하지만 벌레들의 죽음은 그다지 신경 쓸 일이 아니다. 왜? 교만한 인간들에게 벌레는 격퇴와 섬멸의 대상이지 공생의 파트너가 아니기 때문이다. 벌레의 떼죽음이 새의 생태계를 교란한다 해도 크게 걱정할 일은 아니다. 털 달린 모족毛族이지만 인간과 새는 한참 다르기 때문이다.

셋째, 감각이 퇴화한다. 감각은 적의 동태를 파악하는 일종의 레이더 장치. 적의 형체를 알아차리는 시각 기능의 후퇴, 적의 냄새를 맡는 후각 기능의 퇴화, 적의 꼼지락거리는 소리를 알아듣는 청각 기능의 후퇴는 동물의 가축화에 따르는 필연적 결과이다.

넷째, 성적 서비스가 제공된다. 미팅을 하고, 작업을 하고, 연애를 하고, 구애를 하고, 신혼 보금자리를 마련하고, 신혼여행을 가는 비용을 줄일 수 있다. 이른바 짝짓기에 따르는 비용을 아낄 수 있다. 대신 인간이 점지해 준 짝과 사랑을 나누기만 하면 된다. 그것도 벌건 대낮에 만인이 보는 앞에서.

다섯째, 두뇌 용량이 현저하게 줄어든다. 두뇌는 방어와 공격 프로그램을 짜는 수뇌부首腦部다. 무엇을 먹을까를 결정하고, 음식물의 유해 성분을 파악하고, 적의 동태를 파악하고, 구혼을 위해 정밀한 작업의 시나리오를 짜고, 효과적인 방어 전략과 공격 전략을 수립하는 곳이 두뇌다. 그러나 가축으로 편입되는 순간 이 모든 전략적 사고가 큰 의미를 가지지 못한다. 당연히 두뇌는 쪼그라들고 그에 비례해 위장은 커진다. 위장이 커지면 몸집이 커지고 뼈는 부실해진다. 골다공증은 당연지사. 그러나 인간은 가축의 골다공증엔 관심이 없다. 그들의 관심은 오직 가축의 살肉이기 때문이다.

가축 산업의 원칙과
인간의 입맛

　비용을 최소화하고 이익을 최대화하라. 이는 모든 비즈니스의 핵심 원칙이다. 가축 사육에도 역시 이 원칙이 적용된다. 종돈種豚 업자의 관심은 암돼지 한 마리가 단위 시간당 최대한 많은 수의 새끼 돼지를 생산하는 데 있다. 암돼지의 까다로운 성적性的 취향이나, 파트너에 대한 호오好惡의 정도는 관심 밖이다. 육돈肉豚 업자의 관심은 최단 시간에 최대한의 무게가 나가도록 돼지의 살을 찌우는 데 있다. 운반업자는 최대한 빠른 시간 안에 많은 돼지를 실어 나르는 것이고, 도살업자는 최대한 빠른 시간 안에 신속히 돼지들을 처치하는 일일 것이다. 돼지의 고통, 돼지로서의 품위, 이런 것은 관심 밖이다. 소비자들의 관심은 최상품의 고기를 최대한 낮은 가격에 구매하는 데 있을 것이다.

　가축이 길러지고, 도살되고, 유통되고, 소비되어지는 과정은 냉동 창고보다 더 냉정하다. 인간의 동정심이 끼어들 여지가 없다. 가축의 복지를 문제 삼는 일은 가축이 길러지고, 도살되고, 유통되고, 소비되어지는 시스템 전체를 불신하는 일이고, 육류와 관련된 산업 전체의 기강을 흔드는 일이기도 하다. 동물의 복지를 문제 삼는 일은 그래서 매우 불편한 일이고, 자본가에게는 매우 위협적인 일이기도 하다.

더구나 동물의 복지를 문제 삼는 일은 고기에 대한 인간의 입맛을 현저하게 떨어뜨릴 수 있다는 점에서 매우 '불경스러운' 일이기도 하다. 음식물 앞에서 죄책감을 갖게 되면 식욕은 현저하게 감소한다. 영리한 채식주의자들은 이 점을 간파하고 동물도 고통을 느끼는 존재, 감정이 있는 존재, 슬픔을 아는 존재임을 역설한다. 또한 인간은 사랑과 자비의 이념을 종種을 넘어서 우주적 차원으로까지 확대시킬 수 있는 존재임을 역설한다. 한마디로 인간은 자신의 위장만을 생각하는 속 좁은 종種이 아님을 강조한다. 또한 채식주의자들은 편협한 인간 중심주의가 생태계를 얼마나 훼손시켰는가를 환기시킨다. 그러나 '중이 고기 맛을 알면 절간의 빈대도 남아나지 않는다'는 속담을 보라. 미국에 가서도 김치를 담가 먹는 한국인들을 보라. 한 번 길들여진 입맛은 여간해선 고치기 어렵다.

입맛은 이성보다 강하다. 그러나 인간의 입맛이 고정 불변하는 것은 아니다. 구제역 파동, 조류독감 기사만 나오면 육류 소비량이 현저히 줄어드는 것을 보라. 『동물 해방』의 저자 피터 싱어의 동물 윤리학 강의만 조금 들어도 고기맛이 예전 같지 않게 된다.

입맛이 간사하다지 않던가. 아이스크림 회사인 '배스킨라빈스'를 물려주겠다는 아버지의 뜻을 받아들이지 않고 막대한 유산을 포기한, 존 로빈슨이 쓴 『음식 혁명』을 읽어 봐도 입맛이 바뀔 수 있다. '미국산 육류의 정체와 치명적 위험에 대한 충격 고발서'라는 부제가 붙은, 게일 A. 아이스니츠의 『도살장』을 읽어도 고기맛이 다르게 느껴질 수 있다. 차라리 책의 내용이 사실이 아니기를 바라는 마음까지 생기게 된다. 이런 책들은 다이어트용으로도 손색이 없는 책이다. 당신이 비위가 강한 사람이라면 어떤 도덕적 언설에도 미동하지 않을 것이지만 말이다.

유경하 미안하지만 가축의 복지를 위한 것이긴 하지만 결국 육질을 위한 것이니 인간의 입맛을 위한 것이기도 하지요. 사육할 때 가축의 감정을 최대한 안정적이고 평안하게 하기 위해 축사의 청결은 물론이고 음악까지 틀어 주고 가축들이 빈정 상하지 않게 최고의 환경을 제공하는 것이 요즘 추세지요. 심지어는 도축장으로 이동하기 위해 차량을 이용할 때도 가축의 머리가 반대편 차선이 아닌 풍경 쪽을 향하도록 하여 스트레스를 줄여 주고 차에 싣는 마릿수도 엄격하게 제어해서 공간이 좁아 받는 스트레스를 줄여 줍니다. 심지어 같은 축사에서 나온 가축만 실어서 다른 무리에 섞여 받을 수 있는 스트레스까지 걱정해 준다네요. 도축장에 도착해서도 하루 정도 계류를 시켜서 이동 중에 받은 스트레스나 피로를 풀어 주어 육질이 최고의 상태를 회복하게 해 주고 도축도 한 방에 숨을 끊어 의식이 소실되도록 고압 전류를 이용해서 공포나 통증을 느낄 여유도 주지 않는답니다. 물론 가축의 복지를 위해서가 아니라 육질의 유지를 위해서긴 하지만 말입니다. 최고의 육질을 위한 인간의 노력이 결국 가축의 복지로 이어지는 것이 아이러니할 밖에요.

김보일 식육에 대해서 거부감이 없는 사람은 '육식의 문제 없음 자료'를 클릭할 것이고, 식육에 대해서 거부감이 있는 사람은 '육식의 문제 있음 자료'를 클릭할 것입니다. 두 개의 자료 모두 객관성이란 이름으로 제시됩니다. 그런데 과연 육식의 문제가 객관성의 문제일까요. 아닙니다. 그것은 객관성의 문제가 아니라 권력의 문제입니다. 다시 말하면 다수와 소수의 문제이고, 어떤 자가 권력을 쥐느냐의 문제입니다. 지금 육식은 다수 쪽의 의견에 기울어져 있습니다. 소수가 아무리 객관적이고 도덕적인 자료를 내밀어 봐야 힘에 밀리면 헛일이라는 거죠. 돼지고기를 금지하는 이슬람 국가에서 아무리 객관적인 자료를 들이대며 돼지고기 식용을 주장해도 헛일이죠.

건강함의 척도

어떤 스프링이 건강한 스프링일까? 스프링에 물리적 압력을 주었을 때 원래의 상태로 돌아가는 능력, 즉 원상 복원력이 뛰어난 스프링이 건강한 녀석이다. 일반적으로 원상을 회복할 수 있는 능력을 건강함이라고 할 수 있다. '젊고 싱싱한' 스프링은 원상 회복 능력이 뛰어나다. 그러나 '시들시들 노후한' 스프링은 압력을 주면 이내 제자리로 돌아가지 않는다. 사람도 마찬가지. 건강한 사람은 과음을 해도 하루쯤 끙끙댈 뿐, 이틀이고 사흘이고 겔겔대지 않는다. 그러나 간의 해독 능력이 현저하게 떨어지는 저질 체력의 인간에게는 사정이 달라진다. 한 번 음주로 그 후유증, 침체된 상태가 사나흘은 간다.

그러나 원상 복구력으로서의 건강은 어디까지나 물리적 건강에 한해서일 뿐이다. 정신적 건강은 원상 복구력만으로는 설명이 곤란하다. 가령 A라는 사람이 급작스럽게 부친상을 당했다고 하자. 그런데 A가 이내 평상심을 회복하고 아무런 동요 없이 아버지의 상을 치르고 일상생활을 영위한다면 이런 사람은 건강한 녀석이기는커녕 배은망덕한 호로 자식, 혹은 '맛이 간 자식'이다. 정신적으로 건강한 인간은 정상으로 돌아오는 데 얼마간의 시간이 걸린다. 아무리 쿨하다고 해도 애도哀悼, 이런 것을 마구 생략해선 곤란하다. 향정신성 의약품으로 이 과정을 생략해서도 곤란하다. 슬픔이든, 눈물이든 치러 낼 것은 응당 치러 내야 인간이다.

스프링은 스프링이고 인간은 인간인데, 스프링에 대한 잣대를 겁도 없이 인간에게 들이대는 경우를 왕왕 본다. 대다수의 평가評價가 인간을 스프링으로 취급하면서도 스스로가 대단히 공정하다고 본다. 이런 게 사이비似而非 과학이 아닐지. 비슷하긴 하지만 아니란 이야기다.

시스템의 노예

11 12 13 14
A B C D

분명히 같은 모양이지만 윗줄에서는 13으로, 아랫줄에서는 B로 인지한다. 알파벳을 읽어 본 적이 없는 사람이라면 아랫줄도 13이라고 읽을 것이다. 이처럼 지각 편향에는 과거의 경험이 작용하게 된다. 이를 경험 규칙Empirical Rule이라고 한다.

어떤 사람을 보고 아름답다고 생각했다고 하자. 그건 과연 내 안에서 비롯된 생각일까? 많은 사람들이 아름답다고 생각한 결과나 사회적 승인을 받은 어떤 표준을 내가 승인한 결과는 아닐까? 스스로 평가하고 판단했다고 한 결과도 따지고 보면 시스템의 논리가 이미 결정한 결과일 수도 있다. 나란 내 생각의 주인이기 이전에 시스템의 노예일 수도 있단 사실.

귀리와 메귀리

이나가키 히데히로의 『풀들의 전략』(최성현 옮김, 도솔, 2006)은 식물성이 곧 수동성과 동의어가 아님을 잘 말해 준다. 식물도 얼마든지 공격적이고 침략적이다. 식물은 한 군데 붙박여 남이 꺾으면 꺾이고, 밟으면 밟히는, '바지 저고리' 같은 존재가 아니란 이야기다. 그들도 적극적으로 전략을 구사하고 심지어는 속임수까지 마다하지 않는다.

귀리라고 하는 식물이 살아가는 유형에는 두 가지가 있다.

먼저, 체제 지향 스타일이다. 이 녀석은 인간의 적극적인 지원 아래 살아간다. 인간이 물을 대 주니 물을 찾기 위해 다른 식물들과 경쟁을 하지 않아도 좋다. 물을 찾기 위한 별도의 레이더 시스템도 갖출 이유가 없다. 인간이 씨를 뿌리면 녀석들은 한 번의 회의도 거치지 않고 일제히 싹을 틔워 준다. 싹을 일제히 틔워 주지 않으면 작물로서의 자격을 상실할 것이고, 작물의 자격 상실은 곧 생육 자원의 중단을 의미하기 때문에 작물들은 인간들의 기쁨을 외면할 수가 없다. 인간이 죽으라면 죽고 살라면 사는 흉내를 내야만 한다. 8월에 씨를 뿌려 주면서 너희들의 임기는 이번 가을이라고 한다면 그 임기 내에 주어진 미션을 수행해야 한다. 임무의 불이행이나 태만은 곧 작물로서의 자격 상실로 이어진다. 주거권과 배급권이 끊기면 결국 야생으로 돌아가야 하지만 야생의 삶이란 치열한 경쟁의 삶, 노곤한 삶, 위험에 몸을 맡기는 삶이다. 야생의 삶은 치열한 전략을 요구하니 골치 아프게 머리 쓰고 살지 않으려면 인간의 요구에 고분고분해질 수밖에 없다. 당연히 자주적인 외교권은 생각할 수조차 없다. 인간에게 조공이나 바치고 자주 굽신거려야 한다. 그렇게 해서 녀석들에게는 반역의 기질, 이른바 마이너리티 마인드가 사라져 버렸다. 밥과 땅이 웬수다.

그러나 여기 또 하나의 귀리가 사는 스타일이 있다. 야생 귀리라고 할 수 있는 메귀리가 살아가는 스타일이다. 녀석은 정부 지원 프로젝트에 관심이 없다. 인간의 어시스트도 노땡큐다. '제발 우릴 건드리지 마'가 이 녀석들의 슬로건이다. 사람들은 녀석들이 보이는 족족 뽑아 버린다. 그들에게 뽑히지 않고 깊은 곳에 있는 물을 스스로 찾기 위해서 녀석들은 누가 시키지 않아도 땅속 깊은 곳으로 뿌리를 내린다. 또 사람들의 단속 전략을 피하기 위해 잡초인 메귀리는 작물인 귀리와는 달리 '시차별 싹 틔우기 전략'을 개발했다. 시차별 싹 틔우기 전략이란 게 별게 아니다. 내가 싹 틔우고 싶을 때 싹 틔우기다. 누구 간섭 받지 않고 내가 싹 틔우고 싶을 때 틔우고, 내가 꽃 피우고 싶을 때 꽃 피우는 전략이다. 이런 무간섭주의와 불규칙 전략은 나름 합리적이다. 만약 일제히 싹을 틔웠다가 제초제에 크게 한 방 먹는다면 멸종을 감수해야 할 노릇 아닌가. 이런 절멸의 사태를 사전에 막기 위해서 '내 마음 내키는 대로' 행동하는 게 최상이다. 모든 외부적 스케줄을 거부하고 오직 마음이 시키는 대로 하는 전략이 최고다. 비주류로 사는 깡다구, 어떤 어시스트도 거부하고 위험과 자유에 제 몸을 섞을 수 있는 정신, 마이너리티를 지향하는 락커가 아니더라도 메귀리의 깡다구가 부럽다면 한번 그런 삶을 기획해 볼 일이다. 물론 노숙도 마다하지 않아야 하고 비바람도 능히 견딜 수 있어야겠다.

사람들에게는 이 두 귀리의 피가 섞여 있다고 볼 수 있다. 어떤 사람은 메귀리의 피가 진하고 또 어떤 사람은 귀리의 피가 진할 것이다. 또 어떤 사람은 메귀리의 유전자가 분명한데 피를 조사해 보면 귀리로 판명이 날 수도 있고, 그 반대일 수도 있다. 메귀리로 살다가 귀리로 전향하는 사람도 있고, 또 그 반대일 수도 있다. 삶은 언제나 너무 복잡하다. 복잡함, 혼돈을 견디는 힘의 증가가 성숙이라고 했던 사람은 니체였다. 정말이지 성숙하기란 너무 힘들다. 혼돈을 견디기가 쉽지 않다는 이야기다. 그래서 우린 쉽게 단순성으로 귀화한다. 이럴 때 단순성은 구원이 아니라 도피다.

울리히 벡의 위험 사회

현대 사회에서 과학 기술의 영향력이 점점 막강해지고 있음은 모든 사람들이 피부로 느끼고 있다. 의료 기술의 확산으로 평균 수명이 급격히 늘어나고 보건 복지 면에서의 삶의 질도 향상되는 등 과학 기술의 발달로 현대의 일상생활은 과거와 비교할 수 없을 정도로 편리해졌다. 그러나 현대에 들어오면서 과학 기술은 정치, 경제, 군사적으로 커다란 이해 관계와 맞물려 진행되면서 그 본래의 의도와는 달리 상당히 복잡한 양상을 띠면서 발전해 가고 있다. 더구나 현대 사회가 복잡해짐에 따라 기술은 갈수록 고도화, 거대화, 대량화되어 가고 있다. 20세기 들어 비약적인 성공을 거둔 거대 기술 시스템technological system은 사람들의 일상생활 속으로 깊숙이 파고들어, 현대 사회를 엄청난 규모로 변화시키고 있다.

전기 시스템은 발전 설비를 갖추고 선로망을 통해 전기를 공급하는 전력회사, 공급된 전기를 다양한 형태로 소비할 수 있도록

전자 제품들을 생산해 내는 가전업체, 발전소에 필요한 화석 연료를 공급하는 유조선과 선박회사, 화석 연료를 채굴하는 시추선과 이를 정제하는 정유 공장 등 소규모 시스템들을 그 속에 포괄하는 거대 시스템이다. 호미나 낫을 만드는 대장간과는 비교도 안 될 만큼 거대한 스케일과 복잡한 체계를 갖춘 것이 이 거대 기술 시스템이다. 자정이 훨씬 넘은 시각까지 사람들이 대낮처럼 활동할 수 있는 것도, 서울에서 동경까지 1시간에 닿을 수 있는 것도, 서울에서 부에노스아이레스에 있는 사람과 채팅으로 대화할 수 있는 것도 바로 이 거대 기술 시스템 덕이다.

문제는 이렇게 삶의 편리성을 획기적으로 증대해 주고 사회의 모습을 새로운 방향으로 구조화하는 거대 기술 시스템이 안고 있는 근본적인 결함과 불완전성이다. 우리가 살고 있는 오늘날의 기술 사회에서는, 기술 시스템에 포괄된 특정 구성 요소에 내재한 사소한 문제가 시스템의 전반에 대한 순간적인 붕괴로 이어지는 대형 사고를 낳을 수 있다는 것이다.

독일의 사회학자 울리히 벡Ulich Beck은 거대 기술 시스템이 가지고 있는 근본적인 불완전성에 주목하여 현대 사회를 '위험 사회'로 명명하기도 하였다. 1986년 울리히 벡이 발표한 『위험 사회』(홍성태 옮김, 새물결, 1997)라는 저서는 20세기 말 유럽인이 쓴 사회 분석서들 중에서도 가장 영향력 있는 저서 가운데 하나로 꼽힌다. 『위험 사회』에서 울리히 벡이 궁극적으로 주장하고자 하는 바는 이 위험 사회를 넘어 '새로운 근대'로 진화하기 위해서는 '성찰적 근대화reflexive Modernization'가 필요하다는 것이다.

현대 사회의 조직은 고도로 복잡하게 체계화되어 있다. 그런데 이러한 고도의 조직화, 체계화는 두 가지 차원에서 문제를 안고 있다. 첫째, 고도의 인공적 조직물이나 체계는 반드시 그것이 창출된 의도 외의 부수적 효과(부작용)를 발생시킨다. 문제는 이 체계화된 조직이라는 것이 발생시키는 다양한 효과들은 완전한 예측이 거의 불가능할 뿐만 아니라, 인간의 의도나 바람과는 전혀 무관하며, 일단 작동하기 시작하면 대부분 인간의 능력으로는 통제 불가능하게 작동하는 경향이 있다는 것이다. 실제 현실에서 우리가 목도하고 있는 대로, 화학 공업과 화석 연료의 대량 사용으로 인한 환경 오염은 그 대표적인 사례 가운데 하나이다. 둘째, 고도로 조직화된 인공물은 그 자체로 위험을 감수하고 있는 것인데 그 위험은 어떤 우연한 사고나 인위적 조작에 의해 순간적으로 시스템이 와해될 때 발생할 수 있다. '폭탄'은 이러한 위험에 대한 가장 적절하고 유효한 비유가 될 수 있다. 모든 폭탄이란 말하자면 인공적으로 구조화된 사물인데, 그것은 순간적으로 그 구조와 조직이 와해됨으로써 치명적인 위험을 발생시키도록 설계되어 있다. 그것은 애초에 그러한 목적으로 설계되었기 때문에 위험을 발생시키는 것이 그것의 '순기능'에 해당한다는 점에서만 다른 인공적 구조물들과 차별화될 수 있다. 정도의 차이는 있을지 모르지만, 대부분의 도시는 이러한 위험을 '부수적'으로 안고 있다.

2010년의 인텔리전트 빌딩Inteligent Building. 이 건물은 모든 것이 컴퓨터 브레인에 의해서 작동된다. 자동으로 온도와 습도가 조절된다. 햇볕의 강도를 창에 부착된 센서가 감지해서 조명등의 조도를 조절한다. 냉장고에는 모니터가 부착되어 냉장고 안에 어떤 식품들이 있고, 그 양은 얼마인지를 보여준다. 식품이 떨어지면 자동으로 인터넷으로 주문이 완료된다.

2020년 어느 일요일 오후 4시, 아이가 컴퓨터 앞에 앉아 있다. 점심을 먹을 때 잠깐 컴퓨터 앞을 뜬 것을 빼면 종일 컴퓨터다. 온라인 게임, 인터넷 채팅, MP3, 아바타, 사이버 애완동물, 인터넷 쇼핑, 모든 것이 컴퓨터를 통해서 이루어진다. 사이버 수족관에서 키싱구라미, 레드베타 등의 열대어를 기르고, 사이버머니를 주고 구입한 식물들을 온라인상에서 재배한다. 하루라도 컴퓨터가 먹통이 되는 날이면 이 모든 것이 끝이다. 아버지는 인터넷으로 주식 시세와 신문과 잡지를 보고, 업무 관련 이메일을 열어 본다. 손목에 부착된 컴퓨터는 매일 혈압과 맥박과 당뇨 수치를 무선 이메일로 주치의에게 통보한다. 이상이 있을 때는 휴대폰으로 '병원에 한번 들러 달라'는 연락이 온다.

자, 이 모든 시스템이 멈춰 섰다고 가정해 보자. 혼란은 불을 보듯 뻔하다. 냉장고 안의 음식물이 썩는 냄새도 냄새지만 50층 건물을 걸어 올라가야 하는 불편이 여간이 아니다. 병원마다 환자들의 상태를 체크하려고 커다란 혼란이 일어날 수도 있다. 인텔리전트 빌딩은 온도 조절 시스템이 비정상이니 실내는 후텁지근하고, 채광 시스템이 이상이 생겨 한낮에도 실내가 캄캄할 수도 있다. 정수 공급 장치가 고장이 났으니 물도 안 나오고 정화조는 막힌다.

오늘날의 사회 조건 속에서 전산 시스템의 순간적 와해나 정지는 단순히 컴퓨터의 고장만을 의미하지 않는다. 그것은 사회 전체에 괴멸적인 타격을 입히는 사건이 될 수 있다. 전산망에 의해 사회가 조직화되면서 생긴 편리만큼의 위험성이 그 체계 내에 숨어 있는 것이다. 이런 점을 감안한다면 기술은 인간의 편리성을 증대시켜 주지만 인간이 기술에 의존하면 할수록 인간의 삶 또한 그만큼 불안해진다고 말할 수 있다.

유전자 조작 기술은 엄청난 이득을 가져다준다. 가령 바닷물에도 재배할 수 있는 벼를 개발한다면 인류의 식량난은 곧바로 해결할 수 있다. 그러나 그 벼가 인체에 알레르기를 유발할 가능성이 있다면 그로 인한 피해는 엄청난 것이다. 벼와 같은 기본적인 식량은 커피나 아이스크림과 같은 기호식품과는 달리 그 영향과 파급의 범위가 광범위하기 때문이다.

울리히 벡 교수는 결과를 보지 못하고 눈앞의 이익에만 급급하는 맹목적인 '근대화'를 비판하고 있다. 근대화의 과정은 마치 브레이크가 고장이 난 기관차처럼 인류의 의지나 목적과 상관없는 역사를 만들어 가는 과정이라는 것이다. 그러나 이러한 무반성적 근대화가 초래한 위험성을 인류가 인식하게 되면, 인류는 더 이상 위험을 감수하지 않는 '반성적인 근대화'로 전환할 것이라고 그는 주장한다.

울리히 벡 교수의 '위험 사회'를 이해하는 데 가장 중요한 개념은 '선택'이다. 지금까지의 근대화는 '위험을 감수하는 선택'에 의존해 왔다. 곧 기술의 발전이 가져다줄 수도 있는 위험을 우리는 통제 가능하다고 믿고 있었거나, 그 위험이라는 것도 결국 안전 기준치 범위 내일 것이라는 막연한 생각에서 기술을 '선택'해 왔던 것이다. 사실 우리는 식품의 겉봉에 쓰여 있는 식품 첨가물이 허용 기준치 이하라는 사실에 안심하고 그 음식물을 선택했고, 도심의 대기오염을 나타내는 전광판에 아황산가스의 농도가 안전 기준치 이하라는 사실에 안심하고 살아왔다. 그러나 적은 양이라도 그것이 지속적으로 자연 생태계와 인체에 축적된다면, 그 결과로서 나타날 수 있는 위험은 적은 것이라고 할 수 없다.

운전자가 굽은 길에서 속력을 줄이지 않는다면 그것은 '예측하지 않은 위험'danger이 아니라, '예측할 수 있는 위험, 부정적인 결과를 감수한 위험'risk이다. 그와 마찬가지로 우리는 지금 이 순간에도 '예측할 수 있는 위험'을 양산하고 있다. 그것은 개인의 선택에 의해서, 또는 정책적 선택에 의해서도 양산되고 있다. 승용차가 내뿜는 배기가스, 합성 세제나 일회용품, 전자파, 폐수, 농약과 비료, 동·식물의 남획, 간척지의 개간, 댐의 건설, 핵 발전소 등이 부정적인 결과를 감수한 위험한 선택이다.

정부나 기업, 일반 국민 모두가 위험을 무릅쓰는 태도를 보이는 것은 안전에는 많은 비용이 든다는 것을 알기 때문이다. 가령 고속도로를 건설하는 데 있어서 안전을 최우선적으로 고려하다면 공사 기간은 길어질 수밖에 없고, 비용은 그만큼 증대될 수밖에 없다. 결국 비용을 줄이기 위해서는 안전을 뒷전으로 미룰 수밖에 없다. 공사 기간을 단축하고, 비용을 줄이자는 태도를 울리히 벡 교수는 무반성적인 태도라고 비난하고 있는 것이다.

짧은 시간 내에 근대화를 달성해야 했던 대한민국 사회의 두드러진 특징 중 하나가 바로 위험을 무릅쓰는 '모험 추구'를 영웅시하는 태도다. 1969년 9월 11일 착공한 지 290일 만인 1970년 7월에 경부고속도로 428킬로미터가 개통되었을 때, 언론은 세계의 기적이라고 찬양해마지 않았다. 그러나 기술과 속도가 국가 경쟁력의 핵심이라고 생각하는 사람들에게는 기술의 위험성이 눈에 보일 리 없다. 과학적으로 신중하게 설계되지 않은 졸속 공사의 결과로 오늘날 경부고속도로는 고속도로 사망율 세계 1위라는 오명을 안게 되었다.

지난 세기는 성장의 크기와 속도를 지향했던 시대였다. 그러나 '속도'보다는 '안전'을, '외형'보다는 '내실'을, '결과'보다는 '과정'을 중시해야 한다면 과연 이런 속도 추구가 바람직한 것인지에 대한 차분한 성찰이 필요하다고 하겠다

내부와 외부의 변증법

그대 몸속 한가운데에 내부가 있다고 생각하는가? 입에서 항문까지 그 꾸불꾸불한 길은 외부이다. 그러니까 삶은 거듭되는, 커다란 '빵꾸'이다. 구린내도 자주 맡으면 향기롭지 않은가, 된장처럼. 혼자 엎드려 토할 때의 그 많은 회한 : 다리 난간을 부수고 강물에 꼴아박은, 종이처럼 구겨진 버스를 기중기가 들어올린다. 물을 줄줄 흘리며 검은 개가 하늘에 매달려 있다. 어찌할꼬, 어찌할꼬.

나는 허수아비의 허수아비까지 보고 싶어한다. 쇼윈도 속의 캐피탈, 허공꽃. 유리창의 허공꽃을 보고 찾아온 호박벌. 투명한 한계에 날개를 때리며 잉잉 운다. 여기가 바로 바깥인데 왜 안 나가지냐.

나는 이 무질서를 택했다.

황지우의 시집 『게 눈 속의 연꽃』(문학과지성사, 1990)에 있는 작가의 말이다. "그대 몸속 한가운데에 내부가 있다고 생각하는가? 입에서 항문까지 그 꾸불꾸불한 길은 외부이다. 그러니까 삶은 거듭되는, 커다란 '빵꾸'이다." 이 문장에 귀싸대기를 얻어맞은 듯 얼얼했던 기억이 있다. 내부와 외부의 이분법적 논리에 일침을 가하는 황지우의 기염에 두 손을 바짝 들고 말았다. 활연대오˚!

후쿠오카 신이치의 『동적 평형』(김소연 옮김, 은행나무, 2010)은 황지우의 직관이 틀리지 않았음을 산문의 언어로 설명한다.

> 소화관의 내부는 일반적으로 '체내'라고 하지만 생물학적으로는 체내가 아니다. 즉, 체외인 것이다. 인간의 소화관은 입, 식도, 위, 소장, 대장, 항문으로 연결되며 몸 안으로 관통하고 있지만 공간적으로는 외부와 연결되어 있다. 이는 가운데가 뚫려 있는 어묵의 구멍 같은 것, 즉 몸의 중심을 뚫고 지나는 중공관中空管이다.

말인즉슨 안이 밖이었단다. 그렇다면 내가 네 속으로 깊이 들어간다고 해도 결국 나는 너의 바깥에 머물 뿐이라는 말이 되겠다. 내부가 없으니 내부로 들어가는 입구도 없다. 아무리 깊게 들어가도 나는 너의 외부에 있다. 그래도 너의 내부에서는 무엇인가 끊임없이 흘러나온다.

˚활연대오
마음이 활짝 열리듯 크게 깨달음을 얻는 일.

원숭이는 이코노믹 애니멀

 네이버에 '조삼모사朝三暮四'에 대해서 물어보면 이런 답을 내민다.

 춘추전국 시대에 송나라의 저공狙公이란 사람이 원숭이를 많이 기르고 있었는데 먹이가 부족하게 되자 저공이 원숭이들에게 "앞으로 너희들에게 주는 도토리를 아침에 3개, 저녁에 4개로 제한하겠다"고 말하자 원숭이들은 화를 내며 아침에 3개를 먹고는 배가 고파 못 견딘다고 하였다. 저공이 "그렇다면 아침에 4개를 주고 저녁에 3개를 주겠다"고 하자 그들은 좋아하였다는 일화가 있다.

 이는 『열자列子』 「황제편黃帝篇」에 나오는 이야기로, 원숭이들은 '아침에 3개, 저녁에 4개'를 받거나 '아침에 4개, 저녁에 3개'를 받거나 총 7개를 받는 사실은 변함이 없는데도 4개를 먼저 받는다는 눈앞의 이익에 현혹되어 상대에게 설복당하고, 저공은 같은 개수를 주고도 원숭이들의 불만을 무마할 수 있었다. 여기서 유래하여 조삼모사는 눈앞의 이익만 알고 결과가 같은 것을 모르는 어리석음을 비유하거나 남을 농락하여 자기의 사기나 협잡술 속에 빠뜨리는 행위를 비유하는 고사성어로 사용된다.

원숭이가 어리석다고? 정말 소가 웃을 이야기 아닌가. 이건 말 못하는 동물에 대한 예의가 아니다. 그들이 인간이 사용하는 '외국어'를 말할 수 있었다면 이런 성명이 나오지는 않았을까. 조목조목 잘 들어 두자.

1. 아침에 먹이 4개를 받아 1개만 은행에 예치해 두어도 이자 이익이 쏠쏠하다.
   (한 개의 먹이는 그저 덤이 아니라 이익을 창출할 수 있는 종잣돈으로 기능할 수 있다는 이야기.)
2. 주인이 중간에 맘이 변해서 먹이를 주지 않을 수도 있다.
   (예측 불가능한 미래의 위험을 최소화하기 위해서는 현재의 이익을 확실히 해 두어야 한다는 이야기.)
3. 1개의 먹이를 이성을 유혹하는 미끼로도 사용할 수 있다.
   (낚으려면 투자하라. 배우자 시장에서 먹이는 확실한 번식 자원이다.)

변해야 산다

앤드루 스펄먼의 책 『인류 최대의 적 모기』(이동규 옮김, 해바라기, 20002)를 재밌게 읽는 방법은 『주역』의 「계사전」에 등장하는 구절, '窮則變 變則通 通則久(궁즉변 변즉통 통즉구)'를 믹싱해, 한 잔의 칵테일을 만들어 보는 것.

말라리아 퇴치용으로 디디티를 사용하던 20세기 중반, 바베이도스 남쪽에서 450킬로미터 떨어진 당시 영국령 가이아나 관리들은 말라리아의 중요한 매개체인 달링학질모기Anopheles darlingi를 열심히 방제했다. 달링학질모기는 주로 인간의 혈액만 빨아 먹기 때문에 일반 가정에서도 쉽게 발견할 수 있었다. 흡혈 후 벽이나 가구에 붙어 쉬던 이 모기들은 벽 표면에 남아 있는 디디티 때문에 쉽게 죽었다. 얼마 지나지 않아 이 모기들은 박멸되었고, 말라리아는 사실상 사라졌다. 그 후 무역이 늘고 개발이 시작되자 남아메리카의 북동부 해안에 위치한 이 작은 나라는 경제적 번영을 누렸다. 그런데 이상한 일이 생겼다. 가이아나가 현대적으로 변모하면서 말라리아가 돌아왔던 것이다. 대체 어찌 된 일일까?

진상을 밝힌 이는 이탈리아의 유명한 말라리아 학자 조지 기그리올리George Giglioli였다. 그가 지목한 모기는 어쿼살리스학질모기Anopheles aquasalis였다. 어쿼살리스학질모기는 좀처럼 사람을 물지 않는 모기로 알려졌다. 대체 사람을 물지 않는 모기로 알려졌던 어쿼살리스학질모기가 왜 인간을 물게 되었을까. 기그리올리가 해답을 제시했다. 어쿼살리스학질모기는 본래 동물의 피를 좋아했다. 기그리올리는 말라리아가 물러나면서 경제적으로 번영을 누리던 시기에 가이아나 사람들이 말, 당나귀, 소와 같은 견인용 동물 대신 트랙터, 트럭, 버스 등을 사용하게 된 사실에 주목했다. 견인용 동물의 수가 줄어들게 되자 어쿼살리스학질모기는 필사적으로 인간의 피를 찾게 된 것이다.

달링학질모기는 인간의 혈액을 빨아 먹고, 어쿼살리스학질모기는 동물의 혈액을 빨아 먹는다는 말은 틀리지 않다. 그러나 상황은 언제든 뒤바뀐다. 다시 말하면 상황은 끊임없이 이론을 흠집낸다. 고정적인 본질은 없다. '궁즉변 변즉통 통즉구', 궁하면 변하고, 변하면 통하고, 통하면 오래간다는 말을 어쿼살리스학질모기가 구현하고 있지 않은가. 송충이는 솔잎만 먹어야 한다는 법은 없다. 운명론은 반은 맞고 반은 틀렸다. 식성은 고정적이지 않다. 궁하면 바꿔라.

일벌이 왜 일만 하냐고?

어떤 일벌이 깨달은 바가 있어 일벌들을 모아 놓고 선동을 한다.

"왕후장상의 씨가 따로 있는 것이 아니다. 우리는 스스로 일벌을 선택하지 않았다. 어떤 운명도 우리를 일벌의 덫에 가둘 수 없다. 우리의 본질은 노동일 수 없다. 자유는 주어진 운명에서 벗어나는 데 있다. 일탈의 힘, 거역과 분노의 힘이 우리를 만들어 갈 것이다. 우리의 운명은 결정된 것이 아니라 스스로 만들어 가는 것이다. 자유는 선택이고 결단이다. 왜 우리가 선택하지도 않은 것에 복종해야 하는가. 파괴와 싸움은 오늘의 일이고, 내일의 일은 승리하는 것이다. 내일은 우리가 만들어야 할 것들의 총체다. 만국의 일벌들이여, 단결하라."

비유적 차원에서 보면 이런 선동은 지극히 온당하다. 우화는 자연의 의인화이고 보면 저 위의 발언은 결국 자연을 두고 말하는 것이 아니라, 궁극적으로는 인간 세계의 진실을 말한다. 우화적 차원에서 저 발언에는 틀림이 없다. 왕후장상의 씨가 따로 있나? 우린 일벌로 태어나지 않았다는 고려 시대 천민, 만적의 발언은 정치적으로 옳고 언어적으로도 옳다. 힘의 우열만 있을 뿐, 본질적으로 천민은 없다. 천민이 왕이 되고, 왕이 천민이 되는 것이 인간 세상이다.

그러나 사실의 차원에서는 다르다. 일벌은 일벌이도록 태어났다. 일벌 스스로가 결정했든 그렇지 않았든 일벌의 노동은 부인할 수 없는 자연의 질서다. 일벌이 일을 하는 것, 물이 아래로 흐르는 것, 무엇이 그른가? 일벌이 일을 하는 것은 물이 위에서 아래로 흐르는 것처럼 자연스럽다. 일벌의 노동은 일벌에겐 옵션(선택 사항)이 아니다.

벌레들에게 멸종당한 공룡

6550만 년 전 공룡이 멸종한 원인에 대해서는 암수의 성비가 깨져 멸망했다는 성 불균형설, 화산 폭발로 인한 기후 변화로 멸종했다는 화산 활동설, 지구의 지각 변동으로 바다의 수면이 점점 낮아져 얕은 바다가 육지가 되면서 지구의 기온이 변화를 가져와서 공룡이 멸종되었다는 지각 변동설, 세력이 커져 수가 많아진 포유류가 공룡의 알 등을 먹어 버려서 공룡이 멸망했다고 하는 알 도난설 등 여러 가설이 분분하다.

그중 가장 유력한 가설은 루이스 알바레스가 1980년 제창한, 운석 충돌설이다. 이 가설은 1991년 멕시코 유카탄 반도에서 지름 180킬로미터의 소혹성 충돌 흔적이 확인되어 더욱 유력해졌다. 이 가설의 시나리오에 따르면 지름이 10킬로미터에 가까운 거대한 운석이 지구 표면을 강타했다. 그 결과 지름 100킬로미터, 깊이 40킬로미터에 이르는 웅덩이가 생기며 히로시마 원자

폭탄의 1억 배에 가까운 위력의 엄청난 폭발로 지구에는 대화재가 발생하고, 지구의 대기를 대량의 먼지와 화재가 뒤덮는다. 이로 인해 지구에 해가 뜨지 않는 날이 지속되었고, 지상의 온도가 떨어져 핵겨울과 같은 상태가 된다. 엽록소의 공장인 식물들은 광합성을 중지하게 되고, 초식 공룡들은 먹이를 조달하지 못해 굶어 죽게 된다. 공룡은 게다가 일정한 체온을 유지할 수 없는 변온동물, 지구의 추위는 공룡에게 혹심한 고통을 가져다준다. 육식 공룡 또한 초식 공룡의 최후를 따르게 된다. 그러나 이 가설 또한 공룡이 수십만, 수백만 년에 걸쳐 서서히 멸종한 경위를 설명하는 데에는 미흡했다.

가장 최근에 제기된 가설은, 모기, 진드기 등의 '벌레' 때문이라는 벌레 가설이다. 2008년 1월 7일 연합신문에 따르면, 미국 오리건 주립대학교 교수이자 동물학자인 조지-로베르타 포이너 부부가 벌레에 의한 공룡 멸종설을 발표했다는 보도다. 이들이 주장하는 공룡 멸종 원인은 두 가지로 나뉜다. 먼저 모기, 진드기가 공룡을 물어 전염병을 퍼뜨렸을 가능성이다. 또 한 가지 가능성은 벌레들이 꽃이 피는 식물들의 번성을 가져왔으며 꽃이 피는 식물들이 초식 공룡의 먹이가 되는 양치류와 은행나무 등을 압도하는 생태계 변화가 오자 초식 공룡이 적응하지 못해 초식 공룡과 육식 공룡이 차례로 멸종되었다는 것이다. 결국 벌레가 공룡과의 전쟁에서 이겼다는 말이다.

인간이 털 없는 원숭이가
된 것에 대한 가설

　머리털, 코와 턱의 털, 겨드랑이털, 거웃을 제외하곤 인간의 몸은 거의 벌거숭이다. 왜 인간은 이렇게 벌거숭이로 자신을 변모시켰을까. 여기에도 가설이 난무한다. 한나 홈스의 『인간 생태 보고서』(박종성 옮김, 웅진지식하우스, 2010)라는 책의 내용을 요약해보자.

　먼저, 인간의 몸이 커지고 지구환경이 온난해짐에 따라 털가죽을 벗어던졌다는 가설.
　둘째, 양성 중 한쪽이 이성의 털 없는 몸을 좋아하게 되자 남녀 모두 털 없는 피부를 가지게 되었다는 가설.
　셋째(이는 '둘째'와 관련이 있다), 진화 생물학자들은 사람의 얼굴과 몸 형태가 어린 침팬지와 비슷하다는 점을 들어, 인간은 성인이 되어도 어린애의 특징을 유지하도록 진화했다고, 즉 유형 성숙幼形成熟, neoteny했다고 주장한다. 그리고 인간이 이처럼 유형 성숙을 할 수 있었던 것은 인간의 조상이 털이 적은 여자, 즉 더 어려 보이는 여자를 선호했기 때문이라는 주장이다. 쉽게 말해 털 없는 개체가 적응적으로 유리했기 때문에 오늘날의 인류가 털 없는 피부를 갖게 되었다는 가설이다.

넷째, 인간의 진화 단계 어느 시기엔가 수생水生 단계가 있었는데, 그때 털가죽이 거치적대는 애물단지가 됐다는 가설이다.

다섯째, 털가죽에 달라붙는 진드기와 이를 피하려다 몸의 보호 도구인 털가죽을 벗어 버리게 되었다는 가설이다.

자, 이 분분한 가설 중에서 당신은 어떤 가설을 선택할 것인가. 그 선택은 당신이 어떤 세계관, 어떤 종교와 이념, 어떤 성장 배경을 가졌으며, 어떤 문화권에 속하느냐에 따라 다를 수 있다. 심지어는 지금 어떤 기분이냐에 따라 선택하는 가설도 다를 수 있다. 만약 당신이 독실한 기독교 신자라면 진화론자들의 가설을 우선 팽개쳐 버릴 수 있다. 만약 당신이 페미니스트라면 여권신장에 장애가 된다고 생각되는 이론을 팽개쳐 버릴 것이다.

당신만 그럴까. 과학자들도 그렇다. 다만 정도만 다를 뿐이다. 있는 것을 있는 대로 보는 것이 아니라, 자기가 보고 싶은 것만을 보는 것이 인간이다. 그렇다면 보기 싫은 것은? 외면하면 그만이다. 신념과 이념이라는 주관적 필터로 자신의 이념과 취향에 맞는 자료만 걸러서 보면 그만이다. 신념을 개입시켜 놓고서는 과학은 객관적이라고 주장하면 그만이다. 그러다 보니 과학계에서도 별별 우스운 일이 다 벌어진다. 객관성을 유지하는 것이 과학자의 태도지만 객관성을 유지하기란 참으로 어려운 일이다. 인간은 편견의 아들이요 딸이기 때문이다. 그 숙명으로부터 벗어나기 위해 끊임없는 공부와 성찰이 필요하겠다.

소설 같은 과학

한무영, 강창래의 『빗물과 당신』(알마, 2011)에서 강창래는 과학조차도 상상력과 창조성의 결과물이라고 말하면서 실험을 계획하고 구상하는 단계에서 상상력과 창조성이 발휘된다고 못 박는다. 근엄한(?) 과학자들이 보면 기분 나빠할 소리지만, 과학사의 일부 페이지들은 강창래의 손을 들어준다. 한마디로 과학사는 엄밀한 논리의 정도를 걸어온 역사가 아니다. 과학에도 야바우가 있고, 아전인수격의 끼워 맞추기도 있다. 가설이나 이론에 들어맞는 실험 결과만 끼워넣고 그렇지 않은 것은 소각시키는 방법이다. 이른바 분서갱유 전법!

강창래가 예로 들고 있는 책은 윌리엄 브로드, 니콜라스 웨이드의 『진실을 배반한 과학자들』(김동광 옮김, 미래M&B, 2007)의 한 페이지다. 페이지의 내용은 유전학의 아버지라고 불리는 멘델이 실험을 조작했다는 것이다. 우성인 둥근 콩과 열성인 주름진 콩을 교배시키면 이론적으로 후손에게서 나타나는 우성 대 열성의 비율이 딱 3:1이 돼야 하는데, 멘델의 실험 결과는 이론에 들어맞지 않았던 모양이다. 멘델은 진지하게(?) 실험 결과에 손을 댔다.

> 태초에 멘델이 있었다. 그의 외로운 생각이 외롭게 여겨지더라. 그래서 그는 '완두콩이 있으라' 하셨다. 그러자 완두콩이 태어났고, 보기에 좋더라. 그리고 그는 완두콩을 밭에 심고 '늘어나고 증식하라, 형질이 나뉘고 스스로 구색을 맞추어 분류되어라'라고 완두콩에게 말하셨다. 그러자 완두콩이 그렇게 되었고 보기에 좋더라. 이제 멘델은 그의 완두콩을 거둬들이게 되었고, 둥근 것과 주름진 것으로 나누었더라. 그리고 그는 둥근 것을 우성, 주름진 것을 열성이라고 불렀다. 그러자 부르기에 좋았더라. 그런데 멘델은 450개의 둥근 완두콩과 102개의 주름진 완두콩이 있다는 것을 아셨다. 그것은 보기에 좋지 않았더라. 법칙에 따르면 주름진 완두콩 하나에 세 개의 둥근 완두콩이 있어야 한다. 그래서 멘델은 혼자 이렇게 중얼거리셨다. "오 하늘에 계신 하느님이시여! 적들이 이런 짓을 했습니다. 적이 밤의 어둠을 틈타 내 밭에 나쁜 완두콩을 뿌렸습니다." 그리고 멘델은 격노해서 탁자를 세게 내려치시고는 이렇게 말씀하셨다. '너희 저주받고 사악한 완두콩들이여 나를 떠나라. 그래서 저 바깥의 어둠 속에서 게걸스러운 쥐와 생쥐에게 먹히라.' 그러자 그대로 이루어졌고, 300개의 둥근 완두콩과 100개의 주름진 완두콩이 남았더라. 그것은 보기에 좋았더라. 아주 아주 보기에 좋았더라. 그리고 멘델은 논문을 발표했더라.

이 글은 전문 과학 저널에 익명으로 실렸던 글이라고 한다. 실험 결과를 이론이나 가설에 억지로 꿰맞춘 멘델을 성경의 어법을 빌려 재밌게 풍자하고 있다.

역사에도 이런 일은 흔하다. 승자가 집권하면 자신에게 불리한 사료史料는 불태워 버리고 자신에게 유리한 자료는 남겨둔다. 유리한 자료가 부족하면 자신에게 유리한 새로운 역사를 쓰면 된다. 이렇게 되면 역사는 사실이 아니라 소설이 된다. 마찬가지의 이유로 멘델은 소설을 썼다고 할 수 있다.

유경하 황우석 박사 생각이 불현듯 나네요. 과학하는 사람들이 저지르기 쉬운 과욕이지요. 만약 수만 평의 밭에서 수억 개의 콩을 가지고 실험을 했으면 결과가 3:1에 수렴되었겠지요. 다 된 밥에 모래를 뿌렸다고나 할까요.

김보일 경하 샘 말씀 정리 : 앞이 네 번 나오고 뒤가 세 번 나오는 동전도 시행을 거듭하면 거의 평균값이 1:1로 나온다는 이야기! 당시엔 통계학이 발달하지 않았던 모양……. 암튼 소설을 썼다는 것은 다소 과하지만 일종의 수사학적 전략이라고 이해해도 될 듯.^^ 멘델, 갈릴레오, 아인슈타인은 자신의 기대에 반하는 실험값들을 의도적으로 누락했죠. 바로 그런 누락이 있었기에 과학사의 천재적 발견이 가능하기도 했구요. 그들의 직관은 의도적으로 데이터의 누락을 강요했죠. 왜? 현실은 이론을 따라올 수 없으니까요. 단지 접근할 뿐이죠. 그들의 직관은 이론의 중심에 있었기 때문에 버려야 할 값들을 눈치챘다는 것, 그게 제 생각입니다. 그들의 사소한 잘못으로 그들의 천재적 직관을 함부로 말할 수 없다는 생각입니다. 하인리히 창클의 『과학의 사기꾼』도 흥미로운 책입니다. 어려운 책이기도 하구요. 따라가려니 머리가 빙글. 흥미로운 과학서적도 있지만 이런 책들도 있어요. 제대로 걸려들면 녹아나죠. 본바탕이 인문학인 사람들의 한계죠……. 양쪽 방면을 넘나드는 대가들이 부럽습니다. 우쭐하려면 당최 멀었습니다. 도대체가 감당이 돼야죠……. 그저 노는 수준이라고 해야 알맞습니다. 그게 딱.^^

아담 스미스 반박하기, 혹은 옹호하기

"우리가 저녁 식사를 맛있게 할 수 있는 것은 푸줏간, 양조장, 빵집 주인의 자비심 때문이 아니라 그들의 이기심 때문이다"라고 말한 이는 『국부론』의 저자, 아담 스미스였다. 따지고 보면 '나는 세상의 때를 벗기겠노라'라는 결심으로 때를 미는 때밀이는 없다. 한 인간의 행동을 움직이는 강력한 동기는 이념이라기보다는 이익이다. (뭔가 비전이 보여야 때를 미는 재미도 있는 법이다. 물론 모든 때밀이가 사람의 몸을 영업 수단으로 본다는 것은 아니다.) 어쨌든 아담 스미스는 자신의 이익을 추구하는 것이 사회 전체의 이익을 증가시켜 준다고 생각했다. 자본주의는 이기심의 추구, 사적인 이익의 추구를 긍정한다. 이기심의 추구가 모든 경제 행동의 인센티브(계기)를 제공한다고 해도 과언이 아니다. 하지만 여기에 반기를 드는 사람들이 있다. 바로 행동 경제학자들. 그들은 인간의 이기심이 인간의 행동을 이끌어 내는 강력한 동인動因이 아닐 수도 있음을 말한다.

행동 경제학자들이 행한 '최종 제안 게임Ultimatum Game' 실험을 보자. 이 실험은 서로 만난 적이 없는 두 사람을 격리시켜 놓고 진행된다. 먼저 갑에게 100만 원을 주고, 을에게 일부를 나누어 주도록 요구한다. 을은 갑이 제안하는 액수가 만족스러우면 수락하고, 그렇지 않으면 거부할 수 있다. 단, 을이 거부하는 경우는 갑과 을, 모두 한 푼도 챙길 수 없다.

당신을 갑이라고 가정해 보자. 당신은 파렴치하게 100만 원을 모두 챙길 수는 없다. 을이 수락하지 않으면 끝장이기 때문이다. 당신이 90만 원을 챙기겠다면 어떨까? 만약 을이 자존심 없이 이익을 추구하는 사람이라면 10만 원을 냉큼 선택할 수도 있지만, 반대로 자존심이 강한 사람이라면 10만 원을 수락하지 않을 것이다. 10만 원을 수락하지 않는다는 것은 이기심을 추구하는 당신에 대한 일종의 징벌인 셈이다.

행동 경제학자들이 인간의 행위를 이끄는 강력한 동기가 '이기심'이라는 아담 스미스의 명제에 강력한 이의를 제기하는 것도 이 대목이다. 만약에 인간이 이기심만을 추구하는 동물이라면 상대방이 90만 원을 갖더라도, 자신에게 제안된 10만 원을 수락하는 것이 상식이다. 10만 원을 거부한다는 것은 이익을 거부하는 것과 마찬가지이기 때문이다. 그러나 많은 수의 사람들이 자신에게 제안된 10만 원을 거부한다. 왜? 그들이 요구하는 것은 평등이지, 이익이 아니기 때문이다. 그러나 처음부터 10만 원을 주겠다면, 현금 알레르기가 있는 사람이 아니라면 거부할 사람은 없다. 이런 우회를 거쳐 행동 경제학자들은 이런 결론을 내리고 싶었는지도 모르겠다. 인간은 이기심만을 추구하지 않는다. 인간의 행동의 동기는 정의도 있다. "인간은 경제적 동물이 아니라 심리적 동물이다."

만약 최종 제안 게임의 판돈의 규모를 10억 원 정도로 키우면 어떨까? 저쪽이 9억 원을 갖는다고 할 때, 당신은 정말로 인간의 자존심과 정의의 원칙을 들먹이며 공짜로 얻을 수 있는 1억 원을 거부할 수 있을까. 과연 그럴 수 있을까. 최종 제안 게임의 판돈의 규모가 커지면 커질수록 '인간은 이기심을 추구한다'는 슬로건을 내세우는 아담 스미스의 말씀이 그럴듯해 보인다. 이익에 대한 인간의 동기는 자존심보다 더 뿌리가 깊다. 인간이 인간으로 살아온 역사는 인간이 동물로 살아온 역사의 1퍼센트도 안 된다.

박순애 아담 스미스가 살던 때는 '수요>공급'이던 시절이었죠. 그 시기야 자기 이익을 추구하는 것이 사회 전체의 이익을 증가시켜 주는 게 가능했겠지만, 대량생산 시스템이 정착된 이후 '수요<공급'이 되니 곧바로 문제가 생겼잖아요. 공장주가 더 많은 물건을 생산하고 이득을 보려고만 했지 종업원들의 임금을 올려주지 않으니 소비가 안될 밖에요……. 결국은 주가 폭락의 검은 목요일, 대공황으로 이어졌고…… 그래서 케인즈의 수정 자본주의가 등장한 거고요. 어쩌면 최근의 서브프라임 모기지에서 비롯된 경제 위기도…… 월가의 파생 상품을 만들며 돈벌이에 혈안이 된 일부 똑똑이들의 이기심 때문에 세계적으로 문제를 일으킨 거고…… 우리나라의 IMF도 헤지펀드들의 이기심이 불러일으킨 문제 같단 생각이 갑자기 드는군요. 결론은 이기심이 사회 전체의 이득을 가져오는 시기는 오래전에 지났다는 거죠…… "인간은 경제적 동물이 아니라 심리적 동물이다"에 동의……. 근데. 판돈이 10억이고 1억을 준다면…… 게다가 공짜로…… ㅠㅠ 최종 제안 게임에 항복…….

김보일 금 긋기, 구획 짓기, 분류는 인간의 오랜 습성의 하나입니다. 먹는 열매인가 아닌가를 아는 것은 생존에 무척이나 중요했으니까요. 분류는 곧 생존의 문제였죠. 그런데 이 분류가 경직성을 띠게 되면 문제입니다. 인간은 경제적 동물이다, 인간은 심리적 동물이다, 무쪽 가르듯 구획이 힘들다는 겁니다. 인간은 이것도 같고 저것도 같은, 어정쩡하고 복잡한 동물입니다. 판단 하나에도 심리적, 문화적, 경제적, 수많은 요소가 개입되죠. 이런 사정을 염두에 두지 않고 논리를 절대화하면 그건 논리가 아니라 주장이요, 독단이겠습니다. '인간은 알쏭달쏭한 동물이다'에 한 표! 의심은 철학을 만들고 믿음은 종교를 만든다.

유경하 조심스럽게 정의를 내리자면 인간이란 이기적 경제성을 지닌 심리적 문화를 이루고 사는 동물이다. 이럼 한마디로 되나?

유은주 이런 자유주의 논리만으로 해명되지 않는 인간도 있고, 사회도 존재하지요.

김보일 은주 샘에 한 표!! 본성과 제도는 같이 가야 좋지만 때론 제도가 본성을 이끌어야 한다는. 간섭과 규제도 때론 필요할 듯.

유은주 자유주의에서야 인간 본성에 대해 '이익 추구' 외에 달리 설명할 개념이 없고, 인간 본성 자체도 당근 왜곡된다는…… 사회에 대한 상상력, 인간 존재에 대한 상상력이 필요하다고 생각해요. 자유주의에 매몰된 언어의 복원.

오류 가능성 앞에서 겸손해지자

　냄비의 물은 100℃에서 끓는다. 물에 아무리 열을 가해도 온도는 100℃에서 더 올라가지 않는다. 물론 기압이 낮아지면 물은 100℃보다 낮은 온도에서 끓는다. 만약 압력솥에 물을 끓이면 어떤가. 압력이 상승함에 따라 물의 비등점도 높아진다. 따라서 조리하는 온도가 높아져 음식을 익히는 데 필요한 시간이 단축된다. 보통 압력 밥솥은 내면의 $1cm^3$당 1kg의 압력을 받는데 이는 보통 기압의 두 배에 가깝다. 따라서 물은 122℃에서 끓게 된다. 그렇다면 물은 100℃에서 끓는다는 말은 조건이 필요하다. 물이 끓는 데 영향을 주는 압력과 부피라는 변수가 있기 때문이다.

　실험을 할 때는 가급적이면 외부의 변수를 줄여가야 한다. 실험을 하는 용액에 불순물이 가라앉으면 곤란하다. 이 점을 고려해서인지 실험자들은 흰 가운을 입는다. 침이라도 튈까 두려워 마스크를 착용하는 실험자들도 있다. 고성능 먼지 집진기를 설치한 실험실도 있다. 완벽하게 습기를 제거하면 정전기 문제가 발생할 수도 있다. 실험실 창밖에서 굴착기의 소음이라도 들려오면 곤란하다. 완벽한 방음 시설을 갖춘다 할지라도 실험자의 숨소리는 어찌할 것인가. 게다가 실험실 위로 고압선이라도 지나간다면 문제가 심각하다. 이래저래 실험실은 외부의 변수가 적은 외딴 곳에 설치될 수밖에 없다. 이제 모든 변수들로부터 해방된 공간을 마련했노라, 자부할 수 있는 실험실을 지었다고 해도 중력이란 변수가 버티고 있다. 지구의 어느 곳도 중력의 값이 같은 곳이 없다. 결국 아무리 변수를 줄여간다 할지라도 완벽하게 변수들을 제거하기란 불가능하다.

변수가 달라지면 실험의 결과도 달라진다. A에서 실험한 결과가 B라는 곳에서의 결과와 다르다면 A란 곳에서 타당한 것이 B라는 곳에서도 타당하다고 할 수 없다. 언제나 오차는 존재한다는 것이다. 과학은 객관적이다. 과학은 완벽하다는 환상은 사실 이런 오차를 모르는 데서 오는 헛된 믿음인지도 모른다. 세상에는 무수한 변수가 있다. 나는 모든 변수를 고려해서 이론을 만들었노라 자부할 수 있을지 모른다. 그러나 예기치 못한 변수는 언제 어느 곳이나 있기 마련이다.

초대형 돌개바람 토네이도가 어느 쪽으로 진행될 것인가를 예측하고, 그 예측된 결과를 사람들에게 알려 토네이도의 피해를 최소화하자는 것이 영화 〈트위스터〉에서 주인공 과학자의 의도다. 그러나 자연을 100퍼센트 이해하기란 곤란하다. 토네

이도의 앞길에는 무수히 많은 변수가 있고, 아무리 엄청난 능력을 자랑하는 슈퍼컴퓨터를 동원한다 할지라도 인간은 존재하는 모든 변수를 알 수 없기 때문이다. '오류 가능성'이라는 사실 앞에서 과학자도 우리네 평범한 선남선녀들도 겸손을 배워야 할 듯싶다.

영화 〈투모로우〉가 보여주는 미래

세상을 도무지 예측할 수 없다면 우리는 태풍과 장마와 가뭄에 고스란히 당할 수밖에 없다. 가뭄이나 폭우에 대한 피해를 최소화하려면 어떤 식으로든지 대비를 하지 않으면 안 된다. 대비를 하려면 미래를 알아야 하는 법. 그러나 현재를 헤아리기도 힘든데 미래까지 안다는 건 쉬운 일이 아니다.

미래를 내다보는 신통력이라도 있는 사람이라면 우리의 조상들은 당장이라도 달려가 길흉화복을 점쳤을 것이다. 열 중에서 넷은 맞고 여섯은 틀려도(즉 적중률이 4할이라도), 미래에 대해 까맣게 모르는 것보다는 낫다는 생각에서 우리의 조상들은 점성술사나 무당에게 매달렸을 것이다. 혹시 인간의 길흉화복을 주관하는 신이 있다면 그 신에게 뇌물을 써서라도 액운을 막아 보겠다는 염원으로 신께 제사를 지내기도 했으리라.

그러나 인간의 염원을 담아 신에게 기원을 해도 비 한 방울은 커녕 푹푹 찌는 폭염은 무자비하게 농작물을 시들게 했고, 매정한 메뚜기 떼는 정성스레 가꾼 농작물들을 황폐화시켰을지도 모를 일이다. 대체 이 일을 어찌할까. 혹시 자연을 잘 관찰하면 미래를 알 수 있는 방법이 있을지도 모른다고 우리의 선조들은 생각했을지도 모른다. 아닌 게 아니라 해결의 기미는 있었다. 오호, 제비가 낮게 날면 비가 온다. 어쨌든 제비가 낮게 나는 사실과 비가 온다는 사실이 어떤 관련이 있다는 것을 알아챈 것이다. 곤충의 날개는 날씨가 습해지면 대기 중의 습기를 흡수해서 무거워진다. 그래서 곤충들의 비행 고도가 낮아지게 된다. 곤충들의 비행 고도가 낮아지면 그것들을 잡아먹기 위해서 제비들의 비행 고도도 낮아진다는 삼단논법식 추리를 하기까지는 훨씬 더 오랜 시간이 필요했을 것이다.

그러나 제비가 낮게 난다는 사실이 비가 온다는 사실과 항상 연결된 것은 아니었다. 단지 무당의 예언보다는 조금 적중률이 높을 뿐이었다. 어디 미래를 예측할 수 있는 강력한 수단이 없을까. 조상들의 고민은 깊어갔다. 바로 이 고민들이 만들어 낸 것이 '과학'이었다. 비가 온다면 그 이유를 밝혀라, 장마가 진다면 그 이유를 밝혀라, 태풍의 이유를 알아내고 그 경로를 예측하라. 이리하여 인간은 태풍, 장마, 가뭄과 같은 자연의 불확실성 하나하나를 극복해 가게 된다. 위대한 과학이여, 위대한 이성이여, 사람들은 장밋빛 환상에 젖게 되었고 과학만이 살길이라고 부르짖었다. 기차가 달리고 비행기가 날고 로켓이 치솟고 과학의 힘

을 빌려 하루하루 눈부시게 세상은 달라졌다.

그러나 영화 '투모로우'가 보여주는 미래상은 어둡다. 엄청난 기상 재앙은 미래를 예측하겠다는 과학자들의 포부가 얼마나 헛된 것인가를 보여주고, 폭설에 덮인 뉴욕의 거리는 장밋빛 미래를 약속하던 과학자들의 믿음이 얼마나 교만했던가를 보여준다. 영화 〈투모로우〉는 과학이 왜 겸손해야 하는가를 우리에게 보여준다.

에움길의 아름다움

군중 속에 첨단의 로봇이 하나 있다. 그 로봇에게 이런 명령을 한다. "최단 거리를 경유해서 내게 도달하라." 로봇은 한 점에서 한 점을 잇는 최단 거리는 직선이라는 수학적 판단에 따라 사람의 머리통을 밟으며 지나갈지도 모른다.

대륙간 탄도미사일이 새떼들의 비행을 고려하여 우회했다는 뉴스를 들어 보았는가. 태풍이나 우박이 농작물을 피해서 진로를 변경했다는 뉴스를 보았는가. 무생물은 냉정하게 자신의 길을 간다. 생명체가 자신의 앞에 있든지 없든지 안중에도 없다. 그것은 브레이크가 고장 난 기계의 길이다.

인간의 길은 '우회하는 길'이다. 인간은 인간만을 위해서 우회하지 않는다. 생물의 군락지를 훼손하지 않기 위해서 우회하는 고속도로, 문화유산을 보호하기 위해 우회하는 철도, 생태계를 보호하기 위해 우회하는 국도, 연어의 회귀처를 보호하기 위해 건설을 중단하는 발전소를 보라. 비용이 더 들더라도 최단의 길을 가지 않고 우회하는 길. 그것이 인간의 길이다.

기하학은 한 점에서 한 점을 잇는 가장 가까운 거리는 직선이라고 답하지만 인간의 지혜는 이렇듯 굽은 길을 만들어 낸다. 효율성, 생산성 따위의 덕목들은 과학과 기술에서는 최선일지 몰라도 피와 살이 있는 인간에게는 최선일 수 없다.

직선 길에서는 액셀러레이터를 밟지만 커브 길에서는 브레이크를 밟는 것이 인간의 마음이다. 속도를 늦추어야 하는 에움길, 그 길에서 시간은 더디게 흘러간다.

시간이 더디게 흘러갔으면 하는 마음, 사랑의 시간을 조금이라도 늘이고 싶은 마음, 그것은 또한 연인의 마음이지 않은가. 오솔길이 아름다운 것은 바로 그 길이 가지고 있는 비효율성 때문이 아닐까.

화폐 속의 인물들

디자인의 미학적 가치를 결정짓는 요소를 간결함과 단순함이라고 생각할 수는 있다. 하지만 이 또한 부분적인 진실일 수밖에 없다. 화폐 디자인을 생각해 보자. 간결함과 단순함은 화폐의 죽음이다. 왜? 단순함과 간결함은 모방을 가능하게 하고, 모방은 곧 위조를 뜻하기 때문이다. 화폐만큼 위조할 동기가 뚜렷한 것도 없다. 돈이라면 사족을 못 쓰는 인간들에게 화폐 디자인의 단순함은 기회요 축복이다.

화폐 디자이너들은 간결함과 단순성을 지양하려는 위폐 방지 전략으로서 화폐에 세종대왕이나 이순신과 같은 역사적 인물을 등장시킨다. 왜? 건물이나 정원은 조금 변형되어도 변형된 사실을 감지하기 어렵지만 인물은 조금만 달라져도 사람들이 변형에 따른 상이함을 이내 감지한다.(새치 하나만 늘어도, 주름 하나만 늘어도 달라 보이는 게 사람의 인상이다.) 표정을 감지혜내는 능력의 유무는 인간 생존에 거의 필수적인 요소였다는 사실을 상기하자. 이따위 속물들에게 내가 맡겨지다니! 한 번쯤은 쓰다 달다 표정을 바꿀 법도 한데 화폐 속 인물들의 표정에는 변화가 없다.

히틀러의 지극한 동물 사랑

1933년 독일 정부는 동물 보호법을 제정한다. 아돌프 히틀러는 1933년 11월 24일 이 법안에 서명한다. 1936년 독일 정부는 어류를 죽이기 전에 반드시 마취를 해야 하고 식당의 바닷가재를 죽일 때도 신속해야 한다고 명했다. 나치의 돌격대장 헤르만 괴링은 "독일인에게 동물은 유기체적 의미에서 생명체일 뿐 아니라 각자의 삶을 살고 지각 능력을 부여받은 존재들이며, 고통과 즐거움을 느끼고 충성심을 지닌 애정의 대상이다"라며 "동물을 여전히 소유물로 취급해도 된다고 생각하는 자들은 강제 수용소로 보내 버리겠다"고 위협했다.

히틀러는 채식주의자였다. 그는 사냥과 경마는 봉건사회의 마지막 유물이라고 생각했다. 독일 동물심리학회가 1936년에 설립되었으며, 1938년에는 '동물 보호'가 독일 공립학교와 대학교의 과목으로 도입되었다. 생체 해부나 동물들에 대한 실험 폐지는 1933~1935년 사이에 진행되었다. 이 법은 동물의 목을 가느다랗게 찢어, 서서히 그리고 고통스럽게 죽게 내버려 두는 유대의 율법 의식을 불법이라고 선언했다. 동물보호법의 4조 1항은 "동물에게 이유 없이 고통을 주거나 난폭하게 학대하는 자는 누구든 2년 이하 징역, 혹은 징역 및 벌금에 처한다"라는 것이었다. 히틀러의 시대는 동물이 가장 살 만한 시대였다.

나치는 독일 셰퍼드와 늑대는 도덕 위계의 상단에 놓았지만 유대인은 쥐와 기생충 같은 해로운 동물에 비유했다. 한마디로 유대인은 동물 축에도 못 끼는 '벌레만도 못한' 인간들이었다. 수백만 명의 '벌레만도 못한 인간'들이 나치의 손에 죽어갔다. 나치는 유대인들이 기르던 애완동물 수천 마리를 안락사시킬 때 인도적 도살을 명한 법적 절차에 따랐다. 주인들과 달리 개들은 품위 있는 죽음을 선택할 수 있었다.

예전 코미디에 이런 멘트가 등장한 적이 있었다. 아마도 충청도 출신의 개그맨 최양락의 입에서 나온 것으로 기억되는 멘트는 이랬다. "사투리 쓰는 넘들 죽여베릴 겨." 군대 시절 나의 고참 한 명은 이런 말을 하면서 졸병들을 팼다. "왜 구타를 하고 그래? 니들 같은 넘들 때문에 민주화가 안되는 겨." 거기까진 좋았는데 문제는 그다음. 아주 쫄병들을 작신작신 패댔다. 이가 갈릴 정도로. 코미디가 따로 없다. 히틀러는 역사상 가장 위대한(?) 코미디언이었던 셈이다. 문제는 그의 코미디에 아무도 웃지 않았다는 사실! 어쨌든 깡패들의 기이한 휴머니즘이 가관이다.

이 망할 놈의 거리

동물에게는 개체 거리個體距離, individual distance라는 것이 있다. 네이버 사전은 그 정의를 다음과 같이 요약한다.

어떤 동물 개체가 특별한 관계가 없는 동종의 다른 개체의 접근을 허용하는 최소 거리인데, 기본적으로 종種에 따라 정해져 있다. 예를 들어, 인간의 경우에는 개인 거리個人距離, personal distance라고 하며, 그 거리가 약 1미터 이내이다. 기본적으로는 종種에 따라 정해져 있지만, 계절이나 상황에 따라 변동되기도 한다. 이러한 개념은 스위스의 동물학자인 H. 헤디거가 도입한 것이다. 교미·육아·투쟁 등이 있을 때에는 개체 거리가 0이 되지만, 그 외의 경우 개체 거리를 유지하는 동물은 비접촉성 동물이라 하며, 대부분의 동물들이 여기에 속한다. 이에 반하여 개체 거리가 0이면서 동종의 다른 개체와 접촉하는 동물(하마 등)을 접촉성 동물이라 한다.

겨울에는 개체 거리가 좁혀지지만 여름에는 개체 거리가 늘어난다. 외로우면 개체 거리를 좁히고 싶고, 사랑에 지치면 개체 거리를 유지하고 싶어 한다. 쇼펜하우어는 말한 바 있다. "떨어져 있을 때의 추위와 붙을 때 가시에 찔리는 아픔 사이를 반복하다가 결국 우리는 적당히 거리를 유지하는 법을 배우게 된다"라고.

사랑에 빠지면 눈에 뵈는 게 없다. 즉각적으로 결합하고 싶어 한다. 도저한 합일의 욕망! 그러나 그것도 그렇게 오래가진 못한다. 거리 없이는 살 수 없는 존재가 인간이다. 문제는 알맞은 거리, 적당한 거리를 아무도 가르쳐 주지 않았다는 사실. 더구나 어떤 사람은 제로에 가까운 거리를 요구하지만, 어떤 이는 다섯 자쯤의 거리가 편하게 느껴질 수도 있고, 어떤 이는 산 하나쯤의 거리가 편하게 느껴질 수도 있다는 사실. 그런데 불행은 거리를 좁히고 싶은 사람과 거리를 두고 싶어 하는 사람의 만남. 군집성 동물과 독거성 동물과의 만남은 참으로 피곤하다. 파티형 인간과 골방형 인간의 만남 말이다. '왜 우리에게 거리가 필요한데'라고 따지는 파트너 앞에서 '독고다이' 동물들은 참으로 할 말이 없다. 제 몸이 어쩔 수 없이 요구하는 것을 이론으로 설명해야 하니 참으로 난감한 거다.

병아리들에게 너희에게 알맞은 개체 거리는 얼마쯤 되니 물어보지도 않고 한곳에 몰아 넣었다. 양계장의 닭들은 거의 미칠 지경. 걱정 마라. 엄청난 양의 항생제가 준비되어 있단다.

동물원의 스트레스

　자연을 닮아라, 자연은 선하다는 노자의 주장을 비웃는 학자가 있다. 『털없는 원숭이』의 지은이로 잘 알려진 영국의 동물행동학자 데즈먼드 모리스는 『인간 동물원』이라는 책에서 비좁은 공간에 갇혀 지내는 동물도 인간처럼 폭력적인 행동을 한다고 지적한다. 야생에서는 멀쩡하던 동물이 동물원이라는 폐쇄적인 공간에 갇히면 비정상적인 행동을 한다는 것이다.

　생각해 보시라. 비만으로 고생하는 야생 동물이 있는지. 그러나 동물원에서는 사육사들이 먹이를 던져 주니 애써 사냥할 필요가 없고, 그만큼 운동량은 줄고 하품 횟수만큼 배에 기름기가 쌓인다.

　낮잠도 하품도 하루 이틀이지 말 못 하는 짐승이지만 지루할 게 분명하다. 스트레스가 이만저만 아닐 것이다. 이 스트레스가 비정상적인 행동을 유발한다는 것이다.

모리스는 여기서 한 걸음 더 나간다. 사람도 동물과 크게 다르지 않다는 것이다. 야생 동물이 갑자기 좁은 우리에 갇히면 이상한 행동을 하는 것처럼 인간도 자연 상태를 떠나 사람들이 북적대는 '도시'라는 '인간 동물원'에 갇히면 낙태, 살인, 자살 등 비정상적인 행동을 한다는 것이다.

'말을 낳으면 제주로 보내고 사람을 낳으면 서울로 보내라'는 속담이 있다. 인간들이 북적대는 '인간 동물원' 서울에 보내 교육도, 출세도 시키라는 말이겠지만 모리스의 책을 읽고 나면 이 말이 왠지 으스스하게 느껴진다.

뇌의 작동과 창발적 지성
그리고 일개미

보다 단순한 형태에서 생물학적으로 복잡한 것이 생겨날 때 이를 진화라고 부른다. 복잡한 체계에서 인간의 의식 같은 완전히 예기치 못한 속성이 생겨날 때 우리는 이를 '창발emergence'이라고 부른다. 개미 군집은 창발적 지성을 통해 식량을 찾고 물을 마시고 여왕개미를 먹여 살린다. 하지만 어떤 개미도 자신이 혹은 군집이 무엇을 하고 있는지를 알지 못한다. 이렇게 볼 때 개미들은 인간의 뇌에 있는 뉴런과 비슷하다고 할 수 있다. 당신의 뇌를 아무리 들여다봐도 당신 이름을 아는 뉴런은 없고 그렇다고 해서 성가셔 하지도 않는다. 당신 나이가 어떻게 되는지, 당신 고향이 어디인지, 당신이 무슨 아이스크림을 좋아하는지, 당신이 지금 추운지 더운지 알고 있는 뉴런도 없다. 뉴런은 그런 식으로 작동하지 않는다. 수십만 혹은 수백만 뉴런들이 함께 힘을 모아 정보를 생성하고 보존한다.

개별적인 뉴런들이 그렇듯 개별적인 개미도 전혀 똑똑하지 않다. 하지만 이것들을 적절하게 연결시키면 짜잔! 놀라운 일이 일어난다. 체계 전체가 하나가 되어 자발적인 지성이 드러난다. 수십억 개 뉴런이 발화되고 서로 연결될 때, 우리는 인생을 바라보고 우리의 위치를 생각하고 우리의 사고 본성을 생각할 수 있다.

수필가 애덤 고프닉Adam Gopnik이 말했듯이 "의식은 기계 속에 들어앉은 유령이 아니다. 기계가 윙윙대며 돌아가는 소리다".

경험이 뇌를 만든다

마르틴 후베르트의 『의식의 재발견』(원석영 옮김, 프로네시스, 2007)의 내용을 간단하게 요약해 보자.

뇌가 인간을 결정한다는 말은 타당하다. 그러나 거기에 반론의 여지가 없는 것은 아니다. 뇌의 신경 시스템이란 결코 고정되거나 안정된 것은 아니라는 반론이 그것인데, 이를 지지하는 여러 사례들이 있겠다. 먼저, 택시기사들의 경우 공간 기억을 위한 뇌영역이 한층 더 두드러지고, 피아니스트들은 손가락 운동에 필요한 신경들의 섬세한 연결을 발달시킨다. 인간이 자신의 삶과 환경 속에서 무엇에 고무되어 있느냐에 따라, 그의 지각·체험·경험·행동이 그의 신경 네트워크에 영향을 미친다는 것이다. 울름의 정신과 의사인 만프레드 스피처Manfred Spitzer는 이를 다음과 같이 훌륭하게 표현했다. "각각의 뇌는 그 이용 기록이다."

이렇게 말할 수 있겠다. 뇌는 경험을 결정하는 시스템이기도 하지만, 뇌는 경험에 열려 있는 시스템이기도 하다. 전자를 신봉하여 죽을상을 쓰느니, 후자에 기대어 희희낙락하는 편이 조금은 더 낫다. 어떻든 비관주의자들만을 위한 나라는 없다. 반대도 마찬가지.

마르틴 후베르트의 이런 표현도 주목할 만하다.

> 비록 우리가 영상화하는 수단들로 많은 것을 인식할 수 있지만, 그렇다고 그 방법이 어떤 전제도 없는 완전히 객관적인 것은 아니다. 예를 들어 기능성 공명단층촬영fMRT을 통해, 피실험자들이 자신들의 위대한 사랑을 생각하는 동안 변화된 혈액의 흐름을 관찰한다는 것이, 단순히 뇌의 '사랑 영역'에 대한 객관적인 영상을 얻는다는 뜻은 아니다. 오히려 그 측정 결과는 항상 세련된 통계적인 조정의 산물이다. (중략) 따라서 영상화된 뉴런들의 정신적인 특성들을 식별하는 과제에서 이를 해석하는 정신이 결정적인 역할을 한다. 그렇다면 결코 뉴런이 곧 정신이라고 말할 수 없다.

기능성 공명단층촬영 장치가 보여주는 데이터는 사랑에 대한 객관적 데이터가 아니라, 그것마저도 사랑에 대한 일종의 해석이라는 이야기.

마르틴 후베르트! 그는 과학 저널리스트이긴 하지만 그의 본령은 철학박사다. 결정론 쪽보다는 자유 의지론 쪽에 무게를 더 실어 주고 싶은 무의식적 욕망이 그에게 있었는지도 모르겠다

강철 뇌에 관한 유물론적 해석은 매우 그럴싸하지만 나는 반대임. 뇌가 생각에 관한 인체의 기관인 것은 사실이지만 플라시보, 노시보, 임사 체험, 강박증에 대한 치료의 예에서 보면 뇌는 분명히 비물질적 인풋을 받아들이고 물질적 아웃풋을 내고 있음이 확인되니까. 그러므로 나도 당연히 자유 의지, 혹은 영혼이나 정신의 존재를 인정하는 쪽에 섭니다.

김보일 저는 책을 보면 볼수록 모르겠습니다. 솔직히 결정론과 자유의지 둘 사이를 진자처럼 왔다 갔다 합니다.^^ 뭐라고 힘주어 말하기엔 묘하고 어려운 것들이 너무 많습니다. 그래서 이 책 저 책 들춰 보는데 언제까지 이 짓을 해야 할지도 막막합니다.

장인용 "마음 없는 물질과 물질 없는 마음의 대립, 그러나 이 대립은 거짓이다. 마음과 물질은 반대되는 관계가 아니라 긴밀하고 순환적인 관계다. 마음은 물질로부터 발현하고 물질은 마음에 의해 움직인다. 주체와 객체의 극단적인 대비 역시 같은 이유로 우리를 오도한다. 우리는 결코 완전한 객관성을 획득할 수 없다."

Taemin Jeon 형님은 다 읽으셨을지 모르겠습니다. 저는 올리버 삭스나 스티븐 핑커의 책들을 재미있게 읽어 왔어요. 최근에 『라마찬드란 박사의 두뇌 실험실』이라는 책이 무척 흥미로웠습니다. 확실하지는 않지만, TED 비디오들 가운데에도 관련 분야에 대해 설명한 몇 편이 있었지 싶습니다.

---

*TED
Technology, Entertainment, Design의 첫글자를 딴 미국의 비영리 재단. 기술, 환경, 디자인에 대한 강연회를 개최한다.

범중엄과 사회적 뇌

오카다 다카시의 『소셜 브레인』(정미애 옮김, 브레인월드, 2010)을 읽다가 재미있는 곳이 있어 나름대로 책의 내용을 재구성해 본다.

편도체를 인위적으로 원숭이의 뇌에서 제거하면 어떤 일이 생기는가?

뱀을 두려워하던 원숭이가 태연하게 뱀을 잡고 입에 넣는 행위를 한다. 공포와 두려움의 중추인 편도체가 더 이상 기능을 하지 않기 때문이다. 편도체가 사라지면 장유유서長幼有序로 상징되는 위계질서도 아무런 의미가 없다. 편도체가 사라진 원숭이는 서열이 높은 원숭이에게 넉살 좋게 다가가고 보스의 후궁들을 마음대로 건드린다. 겁의 상실, 그 결과는 알아서 상상하시라.

편도체가 제거되면 표정 인지가 안 된다. 상대방이 화가 났는

지, 겁을 먹었는지, 불쾌한지의 여부를 얼굴 표정을 통해 파악하는 일은 사회 생활이나 커뮤니케이션에서 매우 중요하다. 그런데 표정 인지가 지장이 생겨 상대방의 감정을 읽지 못하면 상황에 맞는 행동, 다시 말해 사회적 행동을 하기가 어려워진다. 편도체는 자신의 감정뿐만 아니라 타인의 감정까지 읽어내는 기능을 하고, 타인의 감정을 읽어내는 것은 사회 생활의 기초가 된다.

어떤 사람이 사람 사진과 꽃 사진을 본다고 할 때, 두 사진에 모두 반응하는 뇌 영역이 있지만 유독 사람 사진 볼 때만 활발히 움직이는 부위가 있다. 이 영역이 나와 타인을 인지하고 그 간격을 조정하는 기능을 담당하는 사회뇌의 핵심인 내측전 전두피질이다. 이곳이 망가지면 시험에 떨어져

우울해 있는 친구 앞에서 저 혼자 껄껄 웃기도 하고, '잠깐만요'를 외치며 엘리베이터로 뛰어오는 사람을 뻔히 보면서도 엘리베이터의 문을 냉정하게 닫아 버릴 수 있다. 뭐, 저런 인간이 있어! 당연히 사회 관계는 제로가 된다.

편도체나 내측전 전두피질이 정상적으로 작동하는지의 여부를 판별할 수 있는 검사를 모든 국민들에게 실시하여 한 인간의 인격적 완성도의 정량 지표로 활용한다는 것은 끔찍한 일이지만 적어도 한 나라의 책임자나 공적 임무를 수행하는 사람들은 그런 검사를 거쳐야 하는 것인지도 모르겠다.

다음은 『고문진보古文眞寶』에 실려 있는, 중국 북송(北宋) 때 범중엄(范仲淹)이 지었다는 「악양루기岳陽樓記」의 한 구절이다. "옛날의 어진 사람들은 높은 지위에 있을 때는 오로지 백성들이 고생할 것을 걱정하고, 벼슬에서 물러나 있을 때는 왕이 잘못할까 걱정했다. 벼슬을 할 때나 물러날 때나 항상 걱정했던 것이다. 그들에게 언제 즐기냐고 묻는다면 틀림없이 세상의 근심할 일은 남보다 먼저 근심하고 즐거워할 일은 남보다 나중에 즐긴다고 대답對答할 것이다." 바로 이것이 목민관의 자세라 할 수 있는 선우후락先憂後樂의 정신이다. 인민 대중들이 어떤 마음과 몸의 추위에 시달리고 있는지에 무감각해서야 목민관이라고 할 수는 없겠다. 아무렴, 목민관의 사회뇌는 다른 사람에 비해 상대적으로 잘 작동될 필요가 있겠다.

단층 지형의 손익계산서

캘리포니아는 지진으로 유명한 곳이다. 그런데 사람들은 왜 이렇게 위험한 곳에 거대한 도시를 세웠을까? 휴일에 BBC에서 만든 다큐멘터리를 보다가 그 답을 찾았다.

거대한 땅덩이, 태평양판과 북아메리카판이 만나는, 단층 지형이 곧 캘리포니아였다. 거대한 판이 충돌하는 지점인 산안드레아스 단층 지형에는 땅속 깊은 곳에서 진귀한 광석이 솟아오른다. 이 광석이 골드러시의 불씨를 당겼다. 수많은 사내들이 이 광물을 찾아 서부로 향했다. 해안에는 거대한 산맥이 솟아올랐다. 이는 관광자원인 진귀한 경치를 제공했다. 바다에서 불어온 바람은 해안의 산맥을 넘어가 적당한 강우량과 기후를 제공했다. 적당한 강우량과 기후는 막대한 양의 와인용 포도를 생산하는 데 적격이었다.

전문적인 재정가들에 따르면 이 산안드레아스 단층으로 벌어들이는 캘리포니아주의 이익이 일 년에 1,000억 달러 규모라고 한다. 2,500억 달러 규모의 손해를 입히는 지진은 100년에 한 번 정도라고 하니 캘리포니아 주민들은 이익 대 손해가 40대1이라는 손익계산서를 이미 마쳤을 것이다. 언젠가 지진으로 발칵 한 번 뒤집어진다는 것을 모르는 바 아니지만 당장에 캘리포니아라는 지형이 주는 천문학적인 이득을 그들도 포기하기는 어려웠을 것이다.

문명은 이런 단층 지형이 주는 유무형의 손익계산서 위에 형성되었다. 청동기 문명도 이런 단층 지형에서 형성되었으며, 청동기 문명은 지구 깊은 곳에서 만들어진 구리를 마그마가 단층의 갈라진 틈으로 뿜어 올린 덕분이라고 다큐멘터리는 말하고 있었다. 문명은 인간의 힘으로 일궈낸 것이기도 하지만 지구가 만들어내는 어떤 우연의 힘이기도 하다는 것을 알게 해 주었다. 이만하면 괜찮은 휴일이다.

| 작가의 말 |

논리란 비유하면 체스판의 말이 움직이는 규칙과 같은 거겠지요. 체스의 말들을 내 마음대로 움직일 수는 없지요. 체스라는 게임의 논리가 우리에게 요구하는 규칙이 있으니까요. 우린 그 규칙 안에서 게임을 즐기죠. 게임이 우리에게 요구하는 규칙을 어기고 말을 사용한다면 체스는 아무런 의미도 없지요. 저는 과학도 체스와 같은 놀이라고 생각합니다. 논리에 구애받지만 그 속에서 충분히 즐거움을 찾는 놀이, 그것이 과학은 아닐까요.

다윈이 지인知人에게 쓴 편지의 한 구절은 이렇습니다. "가축화 과정에서 일어나는 동물과 식물의 변이에 관한 책을 다시 쓰기 시작했답니다. 하지만 식물들과 빈둥거리며 노는 게 훨씬 더 즐겁군요." 엄정한 논리의 잣대를 들이대며 책을 쓰는 것은 과학적 마인드가 없으면 불가능하겠지요. 그러나 창조적 상상력은 오히려 식물들과 빈둥거리며 놀 때 생기는 게 아닐까요. 아무런 편견이나 사심 없이 있는 그대로를 바라보고, 존재 자체를 바라보는 행위, 거기에서 새로운 연관과 맥락을 바라볼 수 있는 '눈'이 생겨나는 것은 아닐까요.

『에밀』을 쓰고 루소는 세상의 공격을 피해 스위스에 머물며 식물 채집에 몰두합니다. 숲과 초원의 찬란한 꽃들, 목초지의 다채로운 빛깔들, 시원한 그늘과 시냇물이 피로해진 그의 영혼에 생기를 불어넣어 줍니다. 식물들을 관찰하기 위해서는 별다른 장비가 필요 없었죠. 돋보기 하나와 핀 하나면 충분했습니다. 벌처럼 루소도 이 꽃 저 꽃으로 옮겨 다니기만 하면 되었습니다. 조급할 것도 없었죠. 아무런 의무감도 없었구요. 『고독한 산책자의 몽상』에서 그는 이 의무감 없는 즐거움을 이렇게 고백합니다. "가르치기 위해 터득한다든가 저자나 교수가 되기 위해 식물을 채집하면 그 모든 달콤한 매력은 사라지며, 식물 속에서 오로지 우리 열정의 방편들만을 볼 뿐, 그것에 대한 연구에서 더 이상 어떤 즐거움도 느끼지 못하게 될 것이다."

『논어』에서 제가 가장 좋아하는 구절은 '지지자불여호지자 호지자 불여락지자 知之者不如好之者 好之者 不如樂之者'입니다. 알기만 하는 사람은 좋아하는 사람만 못하고 좋아하는 사람은 즐기는 사람만 못하다는 뜻이죠. 저는 다윈과 루소가 공자가 말씀한 '즐기는 사람'이었다고 생각합니다. 알려고 하는 사람은 논리의 눈을 뜨지만, 즐기려고 하는 사람은 상상력의 눈을 뜹니다. 상상력은 감히 말하건대 놀이의 규칙을 바꿀 수 있는 힘입니다. 놀이가 재미

없으면 아이들은 규칙을 뒤집어 놀이의 새로운 변종들을 만들어 가며 놀이에 활력을 불어넣습니다. 규칙을 바꾸거나 새로운 규칙을 추가함으로써 놀이는 싱그러움을 더하게 됩니다.

고백하건대 저는 과학의 전문가가 아닙니다. 저의 글에 댓글을 달아주신 분들도 마찬가지입니다. 여기에 묶인 글들은 치열하고 엄정한 사색의 기록이라기보다는, 루소가 벌처럼 이 식물에서 저 식물로 옮겨 다니며 즐거움을 느꼈듯 이 책에서 저 책으로 옮겨 다니며 과학적 사유가 주는 즐거움에 푹 빠졌던 놀이의 기록, 매혹의 기록입니다. 여기에 수록된 글들이 놀이의 기록이다 보니 언어 또한 엄밀한 논문의 언어가 아닙니다. 말은 가볍고 수다스럽습니다. 가끔은 가벼운 농담조의 언설들이 등장하기도 합니다. 하지만 그것은 페이스북이라는 특수한 공간에서 '친구'들과 과학적 담론을 공유하기 위한 나름대로의 고육지책이었음을 고백합니다. 사실 소셜미디어란 공간은 무거운 담론들을 나누기엔 적당한 공간이 아닙니다. 그렇다고 가볍게 흘려 버릴 수 있는 언어들로 공적인 메모리 공간을 낭비한다는 것도 다소 겸연쩍은 일이었습니다. 나름대로 조금이라도 유의미한 텍스트를 공유해 보자는 것이 이 책에 실린 글들을 연재하는 계기가 되었습니다. 다행히 성실하고 자상하게 댓글을 달아준 친구들이 있었고, 그 친구들의 호응과 훈수가 글쓰기에 큰 힘이 되었음을 고백합니다. 제 글에 댓글을 달아준 친구들 중에는 페이스북을 통하여 고전을 번역하는 친구도 있습니다. 누가 시켜서도 아닙니다. 돈을 벌기 위해서도 아니고 이름을 드러내기 위해서도 아니죠. 묵묵한 자기와의 싸움, 저는 이런 노력이 모여서 소셜미디어 공간이 풍성한 나눔의 장이 될 수 있으리라고 생각합니다. 나의 가족, 나의 친구들에게 큰 감사의 말을 전합니다. 세상은 사랑을 나누기에 가장 좋은 장소입니다.

도움 주신 분들

김지혜 청소년과 성인을 대상으로 한 미술심리치료 일을 하고 있다.

강창래 작가, 번역가, 편집자. 느티나무도서관 장서개발전문위원. 1993년에 전문가가 뽑은 한국최고의 대중문화기획자(출판부문)로 선정. 현재는 주로 도서관에서 책과 독서에 대해서 강의하며 집필하고 있다. 저서로 『인문학으로 광고하다』, 『유쾌한 창조』 외 다수가 있고, 번역서로 『20세기 이데올로기 책을 학살하다』, 『편두통』 등이 있다.

강 철 건축구조 기술사. 건축물의 내진설계 및 안전진단 분야에 종사하고 있다.

박성익 서울 풍문여고 영어 교사로 재직 중이다.

박순애 대구가톨릭대학 국어국문학 박사 과정을 밟고 있다.

유경하 가정의학과 전문의. 연세의원 원장.

유은주 대학강사. 여성학, 여성복지, 가족과 젠더 등을 가르치고 있다.

이진우 시인, 소설가. 저서로 시집 『슬픈 바퀴벌레 일가』, 『내 마음의 오후』, 장편소설 『적들의 사회』, 『인도에 딸을 묻다』, 『이상』 등과 산문집 『저구마을 아침편지』 등이 있다.

장인용 지호출판사 대표.

조홍휴 가정의학과 전문의. 연세휴가정의학과의원 원장.

Taemin Jeon 호주 거주. 인테리어 회사에 재직 중이다.

다윈의 동물원

1판 1쇄 발행일 2012년 2월 28일 • 1판 2쇄 발행일 2014년 7월 21일
1판 2쇄 발행부수 500부(총 발행부수 2,500부)

글 쓴 이	김보일
펴 낸 곳	(주)도서출판 북멘토
펴 낸 이	김태완
편집주간	김혜선
편 집	진원지, 박혜리
디 자 인	디자인시, 안상준
마 케 팅	이용구
관 리	윤희영
사진제공	시몽포토에이전시 · 연합뉴스 · 유로크레온 이미지클릭 · 타임스페이스 · 멀티비츠 · Alamy · Dreamstime Getty-Images · Topic-Images · Wikipedia

출판등록 제6-800호(2006. 6. 13)
주소 121-869 서울시 마포구 월드컵북로 6길 69(연남동 567-11), IK빌딩 3층
전화 02-332-4885 • 팩스 02-332-4875

ⓒ 김보일, 2012

※ 잘못된 책은 바꾸어 드립니다.
※ 이 책은 저작권법에 따라 보호를 받는 저작물이므로 무단 전재와 무단 복제를 금합니다.
  이 책의 전부 또는 일부를 쓰려면 반드시 저작권자와 출판사의 허락을 받아야 합니다.
※ 책값은 뒤표지에 있습니다.

ISBN 978-89-6319-038-9 03400